企业数字化转型
钉钉小程序开发
权威指南

杨鹤 许涛 周子杰 陈岳阳 刘晓鹏 曲奎林◎著

电子工业出版社
Publishing House of Electronics Industry
北京·BEIJING

内 容 简 介

本书是钉钉官方技术团队聚力编写的钉钉小程序开发教程，内容权威、全面、系统。众所周知，数字化转型已经成为全球企业的重要战略，越来越多的企业已认同数字化转型是大势所趋。本书为数字化转型落地提供了可行的技术支撑。利用钉钉小程序开发的应用，被汇聚在应用市场中，可以服务于个人和企业，更好地帮助企业进行数字化转型。

本书从钉钉小程序的技术原理出发，细致且全面地对钉钉小程序的开发内容进行介绍，由浅入深地引领开发者了解钉钉小程序的开发工具、组件、JSAPI 等，并提供了钉钉小程序实战案例，详细介绍了从成为一名钉钉开发者到小程序应用上架的每一步流程。

本书适合有一定前端基础的开发者使用，如果有支付宝小程序开发经验，则能更快地接受和理解本书内容，因为它们在一些基本概念和底层技术上是共通的。本书可以作为钉钉小程序的入门学习指南，也可以作为 API 速查工具书。

图书在版编目（CIP）数据

企业数字化转型：钉钉小程序开发权威指南 / 杨鹤等著. —北京：电子工业出版社，2022.1
ISBN 978-7-121-42664-3

Ⅰ．①企… Ⅱ．①杨… Ⅲ．①软件工具－程序设计 Ⅳ．①TP311.561

中国版本图书馆 CIP 数据核字（2022）第 014539 号

责任编辑：张彦红　　　　　特约编辑：田学清
印　　刷：中国电影出版社印刷厂
装　　订：中国电影出版社印刷厂
出版发行：电子工业出版社
　　　　　北京市海淀区万寿路 173 信箱　　　　邮编：100036
开　　本：720×1000　　1/16　　印张：23.5　　字数：434 千字
版　　次：2022 年 1 月第 1 版
印　　次：2022 年 1 月第 1 次印刷
定　　价：129.00 元

凡所购买电子工业出版社图书有缺损问题，请向购买书店调换。若书店售缺，请与本社发行部联系，联系及邮购电话：（010）88254888，88258888。

质量投诉请发邮件至 zlts@phei.com.cn，盗版侵权举报请发邮件到 dbqq@phei.com.cn。

本书咨询联系方式：010-51260888-819，faq@phei.com.cn。

本书编委会

顾　　问：程操红、石佳锐、谢传贵、曲奎林

主　　编：陈岳阳

撰　　写：杨　鹤、许　涛、周子杰、陈岳阳、
　　　　　刘晓鹏、曲奎林

特别感谢：刘湘雯、石玉磊、孟红伦、唐　伟、
　　　　　陈　馨、李　乔、符小宝、董亚婧、
　　　　　王　壮、张　悦、牛　成、宋　菁、
　　　　　姚立哲、李娅莉、公　和、磨　广、
　　　　　陈耀轩、单　丹、戴荔春、吴泽铨、
　　　　　彭　峥

钉钉从开始定位做平台的那一刻起就必须思考：平台之所以存在，是因为什么？微软 CEO 纳德拉在接受采访时讲过一句话：如果一个平台不能诞生比平台更伟大的东西，它就不足以被称为平台。所以，平台都有一个很大的特点——利他性，让它的生态、合作方变得更伟大。

小程序作为钉钉平台上的应用开发类型之一，具有开发成本低、研发效率高等优点。同时，贴近客户端的原生控件为企业用户带来了更沉浸、更舒适的人机交互体验，提升了组织治理和业务运营的效率，可以让企业用户、企业服务方、组织中的个体共同享受数字化普惠带来的价值。

本书着重围绕钉钉小程序的技术架构和实践方案进行详细的诠释，是一本企业数字化转型场景下的基础工具书，希望能为钉钉平台上的用户提供帮助。

叶军（不穷）

阿里巴巴集团副总裁、钉钉总裁

前言

近 20 年，互联网发展的主要核心是消费互联网的发展。当前消费互联网格局已定，产业互联网时代正开始启动。移动互联网促进了网络的快速普及，虚拟化进程从个人延伸到企业，企业成为互联网的核心参与者之一。行业纵深领域经验、渠道、网络、2B 产品认知等壁垒是产业互联网的核心价值所在，所以产业互联网的春天已经来临。未来产业互联网将影响信息、交易、定价、流通等企业全链路数字化，而产业链在互联网化过程中能否有效把控和使用这些资源，关系到一国的核心竞争实力和国家安全，同时产业互联网也是我国经济转型升级的助推器。

2020 年突发的新冠肺炎疫情，对我国经济、社会等多方面的"数字化转型"起着巨大的推动作用。数字化的技术、管理、文化、理念等被广泛应用到疫情防控（健康码等）、贸易、金融、教育、行政管理，以及农业、工业、服务业等多个方面。

钉钉小程序希望可以成为帮助企业数字化转型的基础产品设施之一，助力企业实现组织数字化和业务数字化。在疫情期间，钉钉小程序有效助力企业员工在家办公（在线会议、协同办公等功能）、学生在线上课、企事业单位复工复产等。

在 2021 年 10 月 13 日的未来组织大会上，钉钉总裁不穷讲到钉钉提供了业务数字化的五字诀：选、搭、建、连、跨。钉钉在应用市场提供了上千款精选的 SaaS 应用，同时提供了应用聚合平台（钉钉搭），该平台已包含八大低代码合作伙伴、六百套精品模板，企业可定制修改，建立符合自己的业务数字化系统。钉钉可以连接平台，可以让业务系统 CRM 与财务系统进行连接，还可以让用户的 CRM 更好地与钉钉平台的基础底座能力进行连接，比如权限系统、认证系统等。钉钉也提供了非常丰富的场景，将这些业务应用放入场景，让用户在工作沟通的过程中就可以完成一个业务。钉钉还提供了工作台、群、服务窗、互动卡片等各种形式，帮助企业快速地将业务应用连接到钉钉，同时让这些业务应用之间能快速地连接。

钉钉小程序就是帮助企业在钉钉上可以快速开发和承载上述应用和系统的技术。本书将带领读者从认识—上手—开发—使用这几个阶段由浅入深地了解钉钉小程序诞生的全生命周期，以及介绍如何使用钉钉小程序技术从无到有开发一款具备数字化能力的应用。本书从钉钉小程序基础组件、JSAPI 到实战开发，提供了非常详细且完整的设计规范。除此之外，还用具体案例和丰富的示例代码帮助读者将本书的知识点更好地融会贯通到具体实战中，以便读者更快地掌握钉钉小程序开发技能，进而更好地服务个人和企业，帮助更多的企业实现两个数字化。

陈岳阳（九穆）

阿里巴巴资深技术专家

钉钉开放平台技术负责人

浙江大学在读博士

说明：关于本书正文中提及的"链接 1""链接 2"等，读者可用钉钉扫描封底【读者服务】处的客服二维码，获取链接。

目录

第 1 章

开发你的第一个钉钉小程序

本章以一个第三方个人应用——Hello World 小程序为例，带读者进行钉钉小程序的开发之旅。

1.1 准备工作

在正式开发之前，先要进行以下准备工作：

- 掌握基础的前端知识。
- 注册钉钉账号，确保是钉钉管理员或有子账号权限。
- 安装小程序开发者工具（IDE）。

1.2 基本概念

钉钉小程序应用分为 app 和 page 两层。app 层用来描述整体程序，page 层用来描述各个页面。

- app 层：代表小程序的全局环境，每个小程序只有一个 app 层，由如表 1-1 所示的 3 个文件组成，这些文件必须放在项目的根目录中。

表 1-1　小程序 app 层包含的文件及其说明

文　件	说　明
app.js	小程序逻辑
app.json	全局配置，包括页面路由配置、tabBar 等
app.acss	公共样式表

- page 层：用来描述小程序的各个页面，文件组成类型及其说明如表 1-2 所示。

表 1-2　小程序 page 层中的文件组成类型及其说明

文件类型	说　明
js	同 JavaScript，用于承载页面逻辑
axml	小程序自定义的标签语言，提供了基础的组件标签和一些复杂交互的组件标签等，并具有模板能力（与 js 文件交互），可以通过开发自定义组件等进行扩展
acss	页面样式表，和 CSS 基本相同
json	此文件是配置文件，负责告诉钉钉小程序应用该小程序的配置表现，分为 app 层和 page 层。页面的配置比 app.json 全局配置简单得多，只能设置与 window 相关的配置项，所以无须写 window 这个属性。需要注意的是，页面配置会覆盖 app.json 的 window 属性中的配置项

1.3　创建项目

（1）打开小程序开发者工具，点击"+"按钮，如图 1-1 所示。

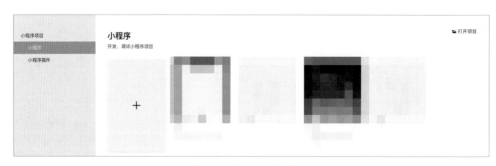

图 1-1　点击"+"按钮

（2）在选择端选择"钉钉"选项，如图 1-2 所示。

图 1-2　选择"钉钉"选项

（3）选择空白模板或者已有模板，然后点击右下角的"下一步"按钮，如图 1-3 所示。

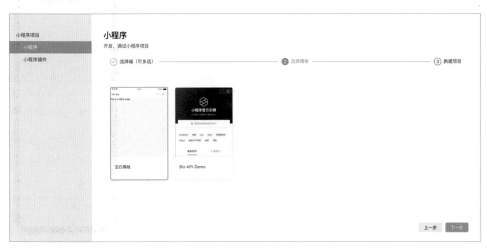

图 1-3　选择空白模板或者已有模板

（4）选择项目类型（关于各类型的说明，点击类型旁边的说明图标即可了解），并输入项目名称和项目路径，如图 1-4 所示。

图 1-4　新建项目

（5）点击"完成"按钮后，小程序即可开始运行，如图 1-5 所示。

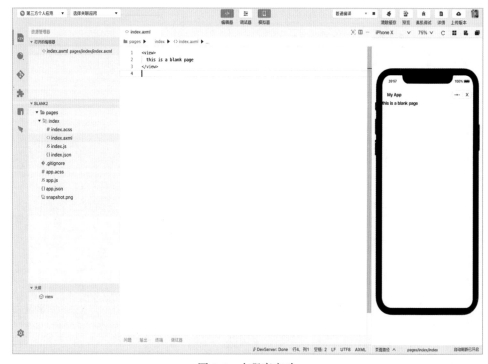

图 1-5　小程序启动

1.4 小程序开发

参考以下操作，编写你的第一个小程序。

（1）在 index.axml 文件中添加如下代码：

```
<view onTap="clickButton" class="mybutton">click</view>
```

（2）在 index.acss 文件中添加如下代码：

```
.mybutton{
  background-color: #000;
  color: #fff;
  margin: 30rpx;
  width: 100rpx;
  text-align: center;
  height: 50rpx;
  line-height: 50rpx;
}
```

（3）在 index.js 文件中添加如下代码：

```
Page({
  clickButton(){
    dd.alert({
      title: '你的第一个小程序',
      content: 'Hello World!',
      buttonText: 'OK'
    });
  }
})
```

（4）点击"重新编译"按钮，模拟器中出现一个 click 按钮，如图 1-6 所示。

（5）点击模拟器中的 click 按钮，弹出 Hello World! 提示框，如图 1-7 所示，第一个小程序开发完成。

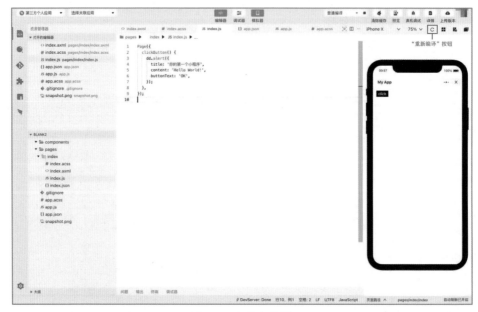

图 1-6　小程序编译

图 1-7　Hello World 小程序

第 2 章

初识钉钉小程序

本章介绍钉钉小程序的发展、原理和运行机制，帮助读者快速了解钉钉小程序。

2.1 什么是钉钉小程序

钉钉小程序是一种全新的开发模式，可以让移动开发者通过编写简洁的前端语法实现 Native 级别的性能体验，并支持 iOS、Android 等多端部署。

2.1.1 钉钉小程序的演进

过去，钉钉出品了微应用，它是依托于 H5 技术，对外开放 JavaScript SDK 来链接钉钉和 H5 页面的网页应用产品，配置复杂。

钉钉小二要花费大量时间和开发者解释微应用的配置和开发方式，而且从整体上来说，微应用的性能和功能都不尽如人意，作为 Native 的内嵌应用，性能远远低于 Native，随着混合式开发的火热发展，涌现出了 React Native、Weex 等开发框架，微信也推出微信小程序等体验接近于 Native 的快应用产品，于是钉钉研发属于自己的快应用——小程序，则刻不容缓。

目前小程序平台已经基本成熟，钉钉内部和合作伙伴已经有很多项目在使用小程序进行开发，表 2-1 列举了小程序和传统 H5 微应用在各项性能上的差异。

表 2-1　小程序和传统 H5 微应用在各项性能上的差异

对　比　项	小　程　序	传统 H5 微应用
加载性能	首次使用略慢，后续加载速度快	受很多因素影响，优化不够好，加载速度容易慢
使用性能	流畅，接近 Native	容易卡顿
页面跳转/切换	和 Native 的效果一样	无法达到 Native 的效果
开发环境搭建	提供小程序开发者工具，可快速创建项目	未提供小程序开发者工具，需开发者搭建开发环境，成本高
调试	提供小程序开发者工具进行调试	在 PC 上只能调试 UI，涉及钉钉的 JSAPI，必须使用真机调试
使用开源 UI 组件	目前不支持	支持
使用 npm 包	支持	支持
模块化组织代码	支持小程序特有的模块化	通过使用 Vue、React 等框架获得模块化支持
灰度发布	由钉钉支持	开发者自行实现
CDN	小程序包默认在 CDN	需要开发者自己购买相关服务
开发个人应用	支持	不支持
应用离线化	支持	不支持

2.1.2　钉钉小程序的功能

钉钉开放平台为服务端与客户端提供了功能丰富的 API，涵盖了绝大多数的应用场景。

其中，服务端的接口侧重于与钉钉现有能力环境的打通，为使用钉钉的企业定制自己的后台管理或自动化系统提供了坚实基础；而客户端上的 JSAPI，不仅能与 Native 级别的基础能力连接，还能直接调用钉钉客户端自身的特有能力。

除了基础的登录、扫码、支付接口，钉钉还提供了通讯录选人、发钉、电话、钉盘等特有能力接口。更多详细说明，请读者参考附录 A。

2.1.3　钉钉小程序的使用场景

钉钉小程序对开发场景做了清晰的划分，不同场景下提供的开放能力范围也有所不同。

1．第三方个人应用

独立软件服务商（ISV）以钉钉、企业之外的第三方身份，基于钉钉的开放能力开发应用，提供给钉钉个人用户使用。此类应用不感知企业信息。应用可以通过群转发、应用市场、群应用使用历史、个人应用使用历史等钉钉客户端入口传播和分发。

该应用所见即所得，钉钉用户在钉钉客户端内任何个人应用入口处，点击此应用就可以开始使用，无须安装，适用于需要个人信息的场景。

第三方个人应用虽然可以利用小程序的流畅性能，但是所能使用的开放能力有限，比如只能获取当前登录用户的信息，无法获取用户所在企业信息及其通讯录信息。另外，虽然是以个人维度进行开发的，但开发者同时必须是企业用户，并且需要将该应用关联至所在企业。

2．上架市场应用开发

独立软件服务商（ISV）以钉钉、企业之外的第三方身份，基于钉钉的开放能力开发应用，并上架至钉钉应用市场，供钉钉上的企业或组织使用。此类应用需要感知并持有企业对本应用的授权，然后以授权凭证访问其在钉钉上的数据。

企业管理员在钉钉应用市场选择授权开通应用后（仅管理员可开通该类应用，普通员工无法自行开通），企业内员工的钉钉工作台上将出现此应用，并能够开始使用。这种开放场景适合服务商研发通用的产品应用。

这种开放场景是用于赋能的核心之一，企业可以依靠自己的独有能力，通过钉钉平台推广到千家万户，从而更容易实现一对多的传播途径。但同时值得注意的是，该类应用需要经过钉钉的审核，审核通过后，方可上架至钉钉应用市场。

3．企业内部应用开发

钉钉上的企业或组织可以基于钉钉的开放能力，自主开发，供企业或组织内部使用，以满足办公场景中的个性化需求。该类应用无须钉钉团队审核，企业内部自行开发并使用即可。

该开放场景适合企业将自己的 HR、CRM、OA、客户管理、业务管理等系统接入钉钉；或者开发一款微应用，供该企业内部员工使用，从而实现移动化办公。

2.2 钉钉小程序原理解析

最近几年，钉钉小程序、微信小程序、支付宝小程序等号称拥有 Native 体验，前端移动 App 页面开发方式如雨后春笋般地涌现出来，为开发者和用户提供了一种轻量级的 App 体验。作为一种不需要下载和安装即可使用的应用，它们实现了应用"触手可及"的功能，用户扫一扫或者搜一下即可打开应用。它们也体现了"用完即走"的理念，用户不用关心是否安装太多应用的问题。而在这个产品快速开发迭代的时代，App 动态化也是迫在眉睫。所以，掌握这种轻量级的 App 开发，已成为每个前端和客户端开发者的必备技能。

本节以 iOS 端的钉钉小程序为例，带读者了解这些轻量级 App 的原理。

2.2.1 概述

其实，小程序本质上区别于 React Native 和 Weex，它是运行在 WebView 容器中的，总体来说，它采用了传统的移动端 H5 浏览器作为页面运行环境，但是与传统的 B/S 结构的 Web 应用不同，它没有 Document、Window 等对象，却为用户提供了普通 H5 页面无法达到、近似原生 App 的控件体验，同时向开发者提供了功能丰富的 API，如自定义的标签语言 AXML、样式语言 ACSS、JSON 配置和自定义的小程序的 JSAPI，如图 2-1 所示。

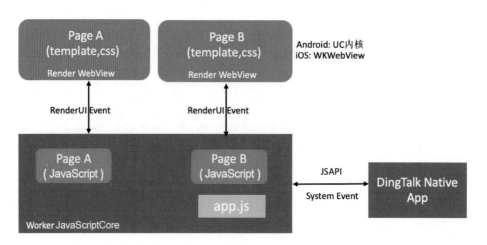

图 2-1 小程序的工作原理

2.2.2 Page 页面原理解析

Page 页面用来承载小程序的各个页面，表 2-2 展示了 Page 页面的组成部分。

表 2-2 Page 页面的组成部分

文 件 类 型	说　　明
js	同 JavaScript，用于承载页面逻辑
axml	小程序自定义的标签语言，提供了基础的组件标签和一些复杂交互的组件标签等，并具有模板能力（与 .js 文件交互），并可以通过开发自定义组件等进行扩展
acss	页面样式表，和 CSS 基本相同
json	此文件是配置文件，负责告诉钉钉小程序应用该小程序的配置表现，分为 app 层和 page 层

由小程序底层封装的 AXML，可以使得开发者通过使用简单的类似 HTML 的语言进行编写，调用 AXML 定义好的自带复杂交互的组件。WKWebView 负责对 AXML 和 ACSS 进行解析和执行，开发速度提升的同时，比使用 H5 开发相同复杂度的组件的计算渲染速度更快。小程序的 JavaScript 解析则是直接由 JavaScriptCore 负责的，页面内部的交互行为将继续通过 JavaScript 实现，而与 App 的交互将会解析为 Objective-C 来与钉钉 iOS 客户端交互。

.json 文件其实就是一种配置文件，是小程序与钉钉客户端的约定，直接由 Native 读取来控制整个小程序 App 或者页面的一些生命周期、导航边框等通用行为样式。

所以钉钉小程序本质上就是自定义了多功能标签、页面配置项，优化了传统 H5 和 Native 交互，采用了更高效的渲染引擎和更高效的 JavaScript 解析引擎的类 H5 的网页开发，当然由于各种适配与钉钉客户端的自定义功能，高效的同时，它也只能在钉钉中运行。

1. WKWebView 简介

WKWebView 是苹果公司在 iOS 8 之后推出的 WebKit 框架中的浏览器控件，其加载速度比 UIWebView 更快，但内存占用率下降很多，解决了加载网页时的内存泄漏问题。

对比 UIWebView，WKWebView 最大的优势在于：

- 更多地支持 HTML5 的特性。

- 具有官方宣称的高达 60fps 的滚动刷新率及内置手势。

- 拥有与 Safari 相同的 JavaScript 引擎。

- 更多内容可参考官方文档"链接 0"。

2. JavaScriptCore 简介

JavaScriptCore 建立起 Objective-C 和 JavaScript 两门语言之间沟通的桥梁。无论是这些流行的动态化方案、WebView Hybrid 方案，还是之前广泛流行的 JSPatch，JavaScriptCore 都在其中发挥了举足轻重的作用。

iOS 官方文档对 JavaScriptCore 的介绍很简单，其实主要就是给 App 提供了调用 JavaScript 脚本的能力。而在小程序中钉钉 Native 也是通过 JavaScriptCore 调用 JavaScript 脚本的。

其中最重要的几个模块如下：

- JSContext。

- JSManagedValue。

- JSValue。

- JSVirtualMachine。

图 2-2 展示了 Objective-C 和 JavaScript 的类型转换。

```
Objective-C type  |   JavaScript type
------------------+------------------
        nil       |      undefined
     NSNull       |        null
    NSString      |       string
    NSNumber      |   number, boolean
   NSDictionary   |    Object object
    NSArray       |    Array object
     NSDate       |     Date object
    NSBlock       |   Function object
       id         |   Wrapper object
     Class        | Constructor object
```

图 2-2　Objective-C 和 JavaScript 的类型转换

2.2.3　为什么"没有 DOM"

WKWebView 及 JavaScriptCore 提供了小程序的运行环境。WKWebView 负责对 AXML 和 ACSS 进行解析和执行，并渲染和展示。JavaScriptCore（Android 是

serviceWork）提供了开发者所写的逻辑代码（JavaScript）的运行环境，该运行环境被称为 Service（没有 Document、Window 等对象），Service 中的代码与 WebView 中的代码完全隔离，如图 2-3 所示。

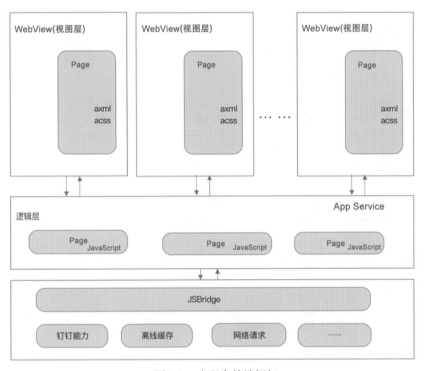

图 2-3　小程序前端框架

通俗来说，在小程序中 JavaScript 逻辑的运行和视图的运行是在两个不同环境中的，App Service 通过底层架构来操作视图。因为 JavaScript 和视图（DOM 所在）没有运行在同一容器中［在传统 H5，JavaScript 和视图（DOM 所在）运行在同一容器中］，且小程序的 JavaScript 逻辑是用 JavaScriptCore 来解析的，JavaScriptCore 没有 Document、Window 等对象，所以小程序不能使用 DOM 操作（并不是真的没有 DOM）。每启动一个 Page 页面，会有一个 Render 容器启动 WebView+Service，所以层级过多的小程序也是不推荐的。

一个小程序页面对应一个 Service，客户端通过 JavaScriptCore 为开发者的 Service 代码提供运行环境；一个小程序可能有一个或多个 Page 作为向用户展示内容的交互页面，客户端由 WKWebView 提供 Page 解析和渲染支持；页面与页面之间的通信通过 Service 环境中转。

2.2.4　小程序的性能优势

基于上文，小程序的性能在以下方面明显优于 H5 页面。

- 网络请求。

AXML 定义好的自带复杂交互的组件，使得小程序所需加载的代码量更少，网络请求时间优于传统 H5 页面。

- 页面渲染。

WKWebView 负责对 AXML 和 ACSS 进行解析和执行，降低了计算的复杂度，并提高了渲染速度。

- JavaScript 计算与客户端交互。

由 JavaScriptCore 直接进行 JavaScript 解析与计算，以及与客户端的交互，比传统 H5 页面依托于浏览器内核的 JavaScript 解析更友好。JavaScriptCore 可以将 JavaScript 代码转换为 Objective-C 直接运行在 Native App 中，因此小程序与 Native 的交互等行为更快速，功能也更强大。

- 应用可以使用原生控件。

通过小程序框架开发出的小程序，实际上是一种混合模式的页面，一些在 H5 页面中交互复杂的组件、性能较差的组件，在这里可以直接替换为对应的 Native 原生控件，其在用户体验性能上自然好于传统 H5 页面。

2.3　钉钉小程序运行机制

本节介绍钉钉小程序运行的各种状态。

- 下载。

小程序无须安装，用户第一次使用小程序时，钉钉会从服务器下载小程序的资源，下载后的小程序资源会缓存在钉钉客户端一段时间。当用户再次打开已经缓存资源的小程序时，会跳过下载过程，更快地打开小程序。

- 前台/后台状态。

小程序启动后，页面展示给用户，此时小程序处于前台状态。当用户点击右上角的按钮关闭小程序，或者按设备上的 Home 键离开钉钉时，小程序并没有完全终止运行，而是进入了后台状态，小程序还可以运行一小段时间。

当用户再次进入钉钉或再次打开小程序时，小程序又会从后台状态进入前台状态。但如果用户很久没有再进入小程序，或者系统资源紧张，小程序可能被销毁，即完全终止运行。

● 小程序启动。

小程序启动可以分为两种情况：一种是冷启动，另一种是热启动。

➢ 冷启动：如果用户首次打开，或小程序销毁后被用户再次打开，此时小程序需要重新加载启动，即冷启动。此时小程序会执行初始化，初始化完成后，会触发 onLaunch 回调方法。

➢ 热启动：如果用户已经打开过某小程序，在一定时间内再次打开该小程序，此时小程序并未被销毁，只是从后台状态进入前台状态，这个过程称为热启动。此时，onShow 函数会被触发，onLaunch 回调方法不会被触发。

● 缓存。

开启本地缓存数据，进行存储、获取和删除等控制。单个小程序的缓存总上限为10MB。同步方法会阻塞当前任务，直到同步方法处理返回。异步方法不会阻塞当前任务。

● 小程序销毁。

当用户点击右上角的"关闭"按钮关闭小程序时，小程序仅是进入后台运行，不会被销毁。只有当小程序进入后台运行状态一定时间，或者占用系统资源过高时，才会被真正销毁。

第3章

使用钉钉小程序开发者工具

小程序开发者工具（IDE）是阿里集团一站式小程序研发工具，提供了编码、调试、测试、上传、项目管理等功能。IDE 支持钉钉小程序开发。

3.1 使用 IDE 创建项目

打开 IDE 后，点击"+"按钮或者"打开项目"按钮（比如已有项目或 demo），选择要开发的应用类型，如图 3-1 所示。

图 3-1 点击"+"按钮或者"打开项目"按钮

如果读者初次编写小程序代码，则可以使用小程序开发者工具提供的如图 3-2 所示的"Biz-API-Demo"模板创建项目。

图 3-2 "Biz-API-Demo"模板

点击"下一步"按钮填写项目名称和项目路径，然后点击"完成"按钮即可。

3.2 钉钉小程序开发

打开项目后，会默认进入代码编辑模式，如图 3-3 所示从左到右依次是文件操作区、代码编辑区和预览区。

图 3-3 小程序开发者工具代码编辑模式

- 代码编辑。

开发者可以在代码编辑区对当前项目进行代码编写和文件的添加、删除及重命名等基本操作。

- 实时预览。

在代码编辑区修改任何代码都会重新编译，然后自动刷新应用。

- 自动补全。

小程序开发者工具针对 dd 接口和 AXML 提供了大量的自动补全提示，以帮助开发者提高工作效率。

3.3　钉钉小程序调试

3.3.1　本地调试

1．预览区

预览区可真实模拟小程序在钉钉应用里的表现，并针对绝大部分的 API 提供模拟功能。

2．调试模式

点击下方的"调试器"按钮，可切换到调试模式，如图 3-4 所示。

图 3-4　调试模式

小程序的调试工具提供了对 AXML 和 ACSS 的支持，支持组件层级、属性回写等功能；同时包含了 Chrome 调试工具中的网络请求、DOM 元素检查、源码 Debug 等功能。

3. 出错反馈

当开发者在 AXML 或配置文件里编译出错时，小程序开发者工具保存后会将错误的信息以 redbox 的形式呈现给开发者。

3.3.2　真机预览

使用如图 3-5 所示的"钉钉扫码登录"并"关联应用"后，在小程序开发者工具右上角点击"预览"按钮，并点击"确认推送"按钮，生成预览二维码，如图 3-6 所示，使用手机钉钉扫码预览即可。(只有确保左上角已经正确关联了应用和组织，才能推送成功。)

图 3-5　钉钉扫码登录

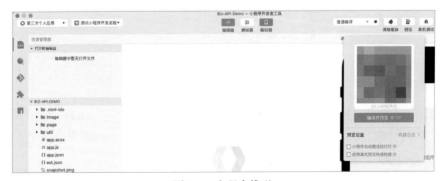

图 3-6　小程序推送

3.3.3 真机调试

在 IDE 上用手机钉钉扫码进行真机预览后，在 iOS 和 Android 上均可以进行真机调试。

1. 在 iOS 上进行真机调试

调试面板的开关在页面右上角菜单中，选择"打开调试面板"命令，如图 3-7 所示。

选择"打开调试面板"命令后需要重新进入小程序，调试面板才会生效，这时在小程序中通过 console 就可以打印调试信息，如图 3-8 所示。

图 3-7　iOS 真机调试

图 3-8　通过 iOS console 打印调试信息

2．在 Android 上进行真机调试

调试面板的开关在页面右下角，直接点击"调试面板"按钮即可查看调试信息，如图 3-9 所示。

点击右下角的"调试面板"按钮，通过 console 即可打印调试信息，如图 3-10 所示。

图 3-9　Android 真机调试

图 3-10　通过 Android console 打印调试信息

3.4　钉钉小程序发布版本

在小程序开发者工具右上角点击"上传版本"按钮即可发布版本，如图 3-11 所示。

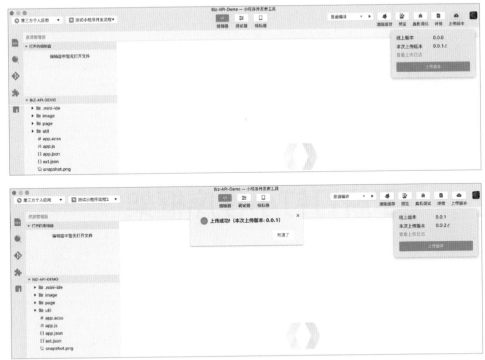

图 3-11 点击"上传版本"按钮发布版本

发布成功后，可以在钉钉开发者后台的"版本管理与发布"页面中进行灰度等版本管理，如图 3-12 所示。

图 3-12 "版本管理"页面

第 4 章

了解钉钉小程序框架

4.1 钉钉小程序框架概述

钉钉小程序提供了一套简单、高效的开发框架，让开发者可以在钉钉中开发具有原生 App 体验的服务。

整个钉钉小程序框架系统分为逻辑层（App Service）和视图层（View）。小程序提供了自己的视图层描述语言 AXML 和 ACSS，以及基于 JavaScript 的逻辑层框架，并在视图层与逻辑层之间提供了数据传输和事件系统，让开发者能够专注于数据与逻辑，如图 2-3 所示。

4.1.1 数据绑定

钉钉小程序框架的核心是一个响应式的数据绑定系统，逻辑上分为视图层和逻辑层。这两层始终保持同步，只要在逻辑层修改数据，视图层就会进行相应的更新。

示例代码：

```
<!-- 视图层 -->
<view> Hello {{name}}! </view>
```

```
<button onTap="changeName"> Click me! </button>
// 逻辑层
var initialData = {
  name: 'alibaba'
};

Page({
  data: initialData,
  changeName(e) {
    this.setData({
      name: 'dingtalk'
    })
  }
});
```

在上述示例代码中，框架自动将逻辑层数据中的 name 与视图层中的 name 进行了绑定，所以在页面打开时会显示 Hello alibaba!。

当用户点击按钮时，视图层会发送 changeName 的事件给逻辑层，由逻辑层找到对应的事件处理函数。逻辑层执行了 setData 的操作，将 name 从 alibaba 变为 dingtalk，因为该数据和视图层已经绑定，所以视图层会自动改变为 Hello dingtalk!。

🎓 注 意

由于框架并不是运行在浏览器中的，因此 Web 中的一些对象，JavaScript 无法使用，如 Document、Window 等对象。

在逻辑层.js 文件中，可以用 ES6 模块化语法组织代码：

```
import util from './util';          // 载入相对路径
import absolute from '/absolute';  // 载入项目根路径文件
```

4.1.2 第三方 npm 模块

小程序支持引入第三方 npm 模块，开发者需先在小程序根目录下执行如下命令安装该模块：

```
npm install lodash
```

引入后即可在逻辑层中直接使用：

```
import lodash from 'lodash';        // 载入第三方 npm 模块
```

注 意

由于 node_modules 中的第三方模块代码不会经过转换器，为了确保各个终端兼容，node_modules 下的代码需要转成 ES5 格式后再引用，模块格式推荐使用 ES6 的 import/export。

4.2 文件目录结构

小程序包含一个描述整体程序的 app 层和多个描述各自页面的 page 层。

4.2.1 app 层

app 层代表顶层应用，用于管理所有页面和全局数据，以及提供生命周期方法。它也是一个构造方法，可以生成 app 实例。一个小程序就是一个 app 实例。

app 层用来描述整体程序，由表 1-1 中的 3 个文件组成，必须放在项目的根目录中。

4.2.2 page 层

page 层用来描述各个页面，page 层由表 1-2 中的 4 个文件类型组成。每个小程序页面可以使用同名 .json 文件来对本页面的窗口表现进行配置，页面中的配置项会覆盖 app.json 的 window 中相同的配置项。

说 明

为了方便开发者使用，page 层中的 4 个文件类型必须具有相同的路径与文件名。开发者写的所有代码最终会打包成一份 JavaScript 脚本，在小程序启动时运行，在小程序结束运行时销毁。

4.3 钉钉小程序全局配置

钉钉小程序全局配置包括通过 app.js 注册小程序、app.json 全局配置等。

4.3.1 通过 app.js 注册小程序

App 方法接收一个 Object 作为参数，用来配置小程序的生命周期回调。

🎓 注 意

App 方法必须在 app.js 里调用，且不能调用多次。

Object 的属性列表如表 4-1 所示。

表 4-1 Object 的属性列表

属　性	类　型	说　明
onLaunch	Function	监听小程序初始化。当小程序初始化完成时触发，全局只触发一次
onShow	Function	监听小程序显示。当小程序启动，或从后台状态进入前台状态显示时触发
onHide	Function	监听小程序隐藏。当小程序从前台状态进入后台状态时触发
onError	Function	监听小程序错误。当小程序发生 JavaScript 错误时触发
其他	Any	开发者可以添加任意数据或函数到 Object 对象中，可以通过 getApp 方法获取

示例代码：

```
App({
 onLaunch (options) {
  // 第一次打开时调用
  const { query, path } = options;
  const { corpId } = query;
 },
 onShow (options) {
  // 从后台被 scheme 重新打开时调用
  const { query, path } = options;
  const { corpId } = query;
 },
 onHide () {
  // 进入后台状态时调用
  console.log('App hide');
 },
 onError (error) {
  // 小程序执行出错时调用
```

```
    console.log(error);
  },
  globalData: {
    foo: 'bar'
  }
});
```

- onLaunch(options: Object)。

小程序初始化完成时触发，全局只触发一次。

options 的属性列表如表 4-2 所示。

表 4-2　options 的属性列表

属　　性	类　　型	示　　例	说　　明
query	Object	{corpId: 'xxxxxx'}	启动小程序时 scheme 中的 query 参数。 需要说明的是，非第三方个人应用类型（如企业内部应用、第三方企业应用）在启动时，会自动包含企业的 corpId
path	String	'x/y/z'	启动小程序的路径 （代码包路径）。 需要说明的是，当小程序启动 scheme 中的 path 被忽略时，默认为首页

- onShow(options: Object)。

小程序启动或者在后台被 scheme 重新打开时触发。参数与 onLaunch 一致。

- onHide。

当小程序从前台状态进入后台状态时触发。

- onError。

当小程序发生 JavaScript 错误时触发。

4.3.2　app.json 全局配置

app.json 用于进行全局配置，可设置页面文件的路径、窗口表现、网络超时时间及多 tab 等。

以下是一个包含部分配置选项的简单 app.json 全局配置示例：

```
{
  "pages": [
    "pages/index/index",
    "pages/logs/index"
  ],
  "window": {
    "defaultTitle": "Demo"
  }
}
```

app.json 配置项如表 4-3 所示。

表 4-3　app.json 配置项

配　置　项	类　　型	必　填	说　　明
pages	String Array	是	设置页面文件的路径
window	Object	否	设置默认页面的窗口表现
tabBar	Object	否	设置底部 tab 的表现

1. pages

app.json 中的 pages 配置项是一个数组，数组中的每一项都是字符串，用于指定小程序的页面。每一项代表对应页面的路径信息，数组的第一项代表小程序的首页。页面路径不需要写.js 后缀，框架会自动加载同名的.json、.js、.axml、.acss 文件。

　注　意

当小程序中新增/减少页面时，都需要对 pages 数组进行修改。

如果开发目录为：

```
├─ pages
│  ├─index
│  │  ├─ index.json
│  │  ├─ index.js
│  │  ├─ index.axml
│  │  └─ index.acss
│  ├─logs
│  │  ├─ logs.json
```

```
| |     ├─ logs.js
| |     └─ logs.axml
├─ app.json
├─ app.js
└─ app.acss
```

则需要在 app.json 中编写如下代码：

```
{
  "pages":[
    "pages/index/index",
    "pages/logs/logs"
  ]
}
```

2．window

window 配置项用于设置通用的状态栏、导航栏、标题、窗口背景颜色，其属性列表如表 4-4 所示。

表 4-4　window 属性列表

属　　性	类　　型	必　填	说　　明
titleBarColor	HexColor	否	导航栏背景颜色，HexColor 示例：#F5F5F
defaultTitle	String	否	页面标题
defaultTitle_locale	Dict<Language,String>	否	页面标题的多语言配置
pullRefresh	Boolean	否	是否允许下拉刷新，默认值为 false
allowsBounceVertical	String	否	页面是否支持纵向拖动超出实际内容，默认值为 YES
supportColorScheme	Array	否	支持的显示模式，模式有 light 和 dark 两种，默认为 light

🎓 注 意

- HexColor 使用十六进制颜色值，如#FF00FF。
- 如果要开启下拉刷新事件，则需要将 pullRefresh 的值设置为 true。

示例代码：

```
{
  "window":{
    "titleBarColor":"#F5F5F",
    "defaultTitle": "钉钉接口功能演示",
    "pullRefresh":false,
    "allowsBounceVertical":"YES",
    "supportColorScheme":["light"]
  }
}
```

3. tabBar

如果你的小程序是一个多 tab 应用（客户端窗口的底部栏可以切换页面），那么可以通过 tabBar 配置项指定 tab 栏的表现，以及 tab 切换时显示的对应页面，其属性列表如表 4-5 所示。

表 4-5　tabBar 的属性列表

属　　性	类　　型	必　填	说　　明
textColor	HexColor	否	文字颜色
selectedColor	HexColor	否	选中文字颜色
backgroundColor	HexColor	否	背景颜色
items	Array	是	每个 tab 配置
colorSchemes	Dict\<Scheme,Config\>	否	显示模式对应的 tabBar 配置

🎓 注 意

通过页面跳转（dd.navigateTo）或者页面重定向（dd.redirectTo）所到达的页面，即使它是定义在 tabBar 配置中的页面，也不会显示底部的 tab 栏。另外，tabBar 的第一个页面必须是首页。

items 中每个 item 的属性配置如表 4-6 所示。

表 4-6　item 的属性配置

属　　性	类　　型	必　填	说　　明
pagePath	String	是	设置页面文件的路径
name	String	是	名称

属　　性	类　　型	必　填	说　　明
name_locale	Dict<Language,String>	否	item 名称的多语言配置
icon	String	否	普通图标路径
activeIcon	String	否	高亮图标路径
colorSchemes	Dict<Scheme,Config>	否	显示模式对应的 tabBar item 配置

> **🔔 说　明**
>
> 　图标推荐大小为 60px×60px，系统会对任意传入的图片进行非等比拉伸/缩放操作。

示例代码：

```
{
  "tabBar": {
    "textColor": "#dddddd",
    "selectedColor": "#49a9ee",
    "backgroundColor": "#ffffff",
    "items": [
      {
        "pagePath": "pages/index/index",
        "name": "首页"
      },
      {
        "pagePath": "pages/logs/logs",
        "name": "日志"
      }
    ]
  }
}
```

4.3.3　getApp 方法

小程序提供了全局的 getApp 方法，该方法可以获取小程序实例，一般用于在各个子页面中获取顶层应用。

示例代码：

```
var app = getApp()
console.log(app.globalData) // 获取 globalData
```

🎓 注 意

- App 方法必须在 app.js 中调用，且不能调用多次。
- 不要在 App 方法内定义的函数中调用 getApp 方法，使用 this 就可以获取 app 实例。
- 不要在 onLaunch 里调用 getCurrentPages，这个时候 page 还没有生成。
- 通过 getApp 方法获取实例之后，不要私自调用生命周期方法。
- 全局变量如果在一个页面中被改变，该操作会在所有页面中都有效。

全局的数据可以在 App 方法中设置，各个子页面通过 getApp 方法可以获取全局的应用实例。

app.js 示例代码：

```
// app.js
App({
  globalData: 1
})
```

a.js 示例代码：

```
// a.js

// localValue 只在 a.js 中有效
var localValue = 'a'
// 生成 app 实例
var app = getApp()
// 获取全局数据，并改变它
app.globalData++
```

b.js 示例代码：

```
// b.js

// localValue 只在 b.js 中有效
var localValue = 'b'
```

```
// 如果 a.js 先运行，则 globalData 会返回 2
console.log(getApp().globalData)
```

在上述代码中，a.js 和 b.js 都声明了变量 localValue，它们不会互相影响，因为各个脚本声明的变量和函数只在该文件中有效。

4.3.4　多语言配置

钉钉小程序可以配置 Native 渲染的 tabBar 和 titleBar 部分的多语言文案。多语言配置通过小程序全局配置文件和页面配置文件进行注入。

> **说 明**
>
> 多语言配置目前支持 zh_CN（简体中文）、zh_TW（繁体中文—台湾）、zh_HK（繁体中文—香港）、en_US（美式英文）、ja_JP（日文）5 种语言。

示例代码：

```
// app.json 配置 tabBar 多语言文案
{
  "tabBar": {
    "items": [
      {
        "name": "首页",
        "name_locale": {
            "zh_CN": "首页",
          "en_US": "Home"
        }
      },
      {
        "name": "关于",
        "name_locale": {
            "zh_CN": "关于",
          "en_US": "About"
        }
      },
    ]
  }
}
```

```
// page.json 配置 titleBar 多语言文案
{
  "defaultTitle": "文件",
 "defaultTitle_locale": {
   "zh_CN": "文件",
   "en_US": "File",
   "ja_JP": "ファイル"
 }
}
```

4.4　钉钉小程序页面配置

钉钉小程序页面配置包括注册小程序页面、配置页面样式等。

4.4.1　注册小程序页面

1. Page

Page 方法接收一个 Object 作为参数，该参数用来指定页面的初始数据、生命周期方法、事件处理函数等。

示例代码：

```
//index.js
Page({
 data: {
  title: "Dingtalk"
 },
 onLoad(query) {
  // 页面加载
 },
 onReady() {
  // 页面初次渲染完成
 },
 onShow() {
  // 页面显示
 },
 onHide() {
  // 页面隐藏
```

```
  },
  onUnload() {
    // 页面被关闭
  },
  onTitleClick() {
    // 标题被点击
  },
  onPageScroll ({scrollTop}) {
    // 页面滚动
  },
  onPullDownRefresh() {
    // 页面被下拉
  },
  onReachBottom() {
    // 页面被拉到底部
  },
  onShareAppMessage() {
    // 返回自定义分享信息
  },
  viewTap() {
    // 事件处理
    this.setData({
      text: 'Set data for update.'
    })
  },
  go() {
    // 带参数的跳转，从 page/index 的 onLoad 函数的 query 中读取 xx
    dd.navigateTo({url:'/page/index?xx=1'})
  },
  customData: {
    hi: 'Dingtalk'
  }
})
```

在上述代码中，Page 方法的参数列表如表 4-7 所示。

表 4-7　Page 方法的参数列表

参　　数	类　　型	说　　明
data	Object or Function	初始数据或返回初始化数据的函数

续表

参　　数	类　　型	说　　明
onLoad	Function(query: Object)	页面加载时触发
onReady	Function	页面初次渲染完成时触发
onShow	Function	页面显示时触发
onHide	Function	页面隐藏时触发
onUnload	Function	页面被关闭时触发
onTitleClick	Function	标题被点击时触发
onPageScroll	Function({scrollTop})	页面滚动时触发
onPullDownRefresh	Function	页面被下拉时触发
onReachBottom	Function	下拉触底时触发
onShareAppMessage	Function	点击右上角按钮分享时触发
其他	Any	开发者可以添加任意函数或属性到 Object 参数中，在页面的函数中可以用 this 来访问

（1）页面初始数据 data。

data 是页面第一次渲染时使用的初始数据。

📖 注意

当 data 作为对象时，如果在页面中修改 data，则会影响该页面的不同实例。

.axml 示例代码：

```
<view>{{text}}</view>
<view>{{array[0].msg}}</view>
```

.js 示例代码：

```
Page({
  data: {
    text: 'DingTalk',
    array: [{msg: '1'}, {msg: '2'}]
  }
})
```

（2）生命周期方法及其说明如表 4-8 所示。

表 4-8　生命周期方法及其说明

方　法	说　明
onLoad	一个页面只会调用一次，query 参数为 dd.navigateTo 和 dd.redirectTo 中传递的 query 对象
onShow	页面显示。每次显示页面都会调用一次
onReady	页面初次渲染完成。一个页面只会调用一次，表示页面已经准备妥当，可以和视图层进行交互。页面的设置，如 dd.setNavigationBar 要在 onReady 之后进行
onHide	页面隐藏。当 dd.navigateTo 切换到其他页面或底部 tab 切换页面时调用
onUnload	当 dd.redirectTo 或 dd.navigateBack 切换到其他页面时调用

（3）事件处理函数及其说明如表 4-9 所示。

表 4-9　事件处理函数及其说明

函　数	说　明
onPullDownRefresh	下拉刷新。监听用户下拉刷新事件，需要在 app.json 的 window 属性中开启 pullRefresh，当处理完数据刷新后，dd.stopPullDownRefresh 可以停止对当前页面的下拉刷新
onShareAppMessage	用户分享，详细介绍见后文

2．Page.prototype.setData

setData 方法用于将数据从逻辑层发送到视图层，同时改变对应的 this.data 的值。

setData 方法接收一个对象作为参数。对象的键名 key 可以非常灵活，以数据路径的形式给出，如 array[2].message、a.b.c.d，并且不需要在 this.data 中预先定义。

🎓 注意

- 直接修改 this.data 无效，无法改变页面的状态，还会造成数据不一致。
- 尽量避免一次性设置过多的数据。

示例代码：

```
<view>{{text}}</view>
<button onTap="changeTitle"> Change normal data </button>
<view>{{array[0].text}}</view>
<button onTap="changeArray"> Change Array data </button>
<view>{{object.text}}</view>
```

```
<button onTap="changePlanetColor"> Change Object data </button>
<view>{{newField.text}}</view>
<button onTap="addNewKey"> Add new data </button>
Page({
  data: {
    text: 'test',
    array: [{text: 'a'}],
    object: {
      text: 'blue'
    }
  },
  changeTitle() {
    // 错误! 不要直接修改 this.data 里的数据
    // this.data.text = 'changed data'

    // 正确
    this.setData({
      text: 'ha'
    })
  },
  changeArray() {
    // 可以直接使用数据路径来修改数据
    this.setData({
      'array[0].text':'b'
    })
  },
  changePlanetColor(){
    this.setData({
      'object.text': 'red'
    });
  },
  addNewKey() {
    this.setData({
      'newField.text': 'c'
    })
  }
})
```

3. Page.prototype.$spliceData

$spliceData 同样用于将数据从逻辑层发送到视图层，但是相比 setData，在处理长列表时，其具有更高的性能。$spliceData 接收一个对象作为参数。

- 对象的键名 key 可以非常灵活，以数据路径的形式给出，如 array[2].message、a.b.c.d，并且不需要在 this.data 中预先定义。
- 对象的 value 为一个数组（格式为 [start, deleteCount, ...items] ），数组的第一个元素为操作的起始位置，第二个元素为删除的元素的个数，剩余的元素均为插入的数据，对应 ES5 中数组的 splice 方法。

.axml 示例代码：

```
<!-- page.axml -->
<view class="spliceData">
 <view a:for="{{a.b}}" key="{{item}}" style="border:1px solid red">
  {{item}}
 </view>
</view>
```

.js 示例代码：

```
// page.js
Page({
 data: {
  a: {
   b: [1,2,3,4]
  }
 },
 onLoad(){
  this.$spliceData({ 'a.b': [1, 0, 5, 6] })
 },
})
```

页面输出：

```
1
5
6
2
3
4
```

4.4.2 配置页面样式

每个页面中的根元素为 page，在设置高度或背景颜色时，可以使用这个元素。
示例代码：

```
page {
  background-color: #fff;
}
```

4.4.3 getCurrentPages 方法

getCurrentPages 方法用于获取当前页面栈的实例，以数组形式按栈的顺序给出，第一个元素为首页，最后一个元素为当前页面。

下面的代码可以用于检测当前页面栈是否具有 5 层页面深度：

```
if(getCurrentPages().length === 5) {
  dd.redirectTo({url:'/xx'});
} else {
  dd.navigateTo({url:'/xx'});
}
```

☞ 注 意

不要尝试修改页面栈，否则会导致路由及页面状态错误。

框架以栈的形式维护了当前的所有页面。当发生路由切换时，页面栈的表现如表 4-10 所示。

表 4-10 页面栈的表现

路 由 方 式	页面栈表现
初始化	新页面入栈
打开新页面	新页面入栈
页面重定向	当前页面出栈，新页面入栈
页面返回	当前页面出栈
tab 切换	页面全部出栈，只留下新的 tab 页面

4.5 视图层

钉钉小程序视图层包括数据绑定、条件渲染、列表渲染、引用和模板 5 部分。

4.5.1 数据绑定

AXML 中的动态数据均来自对应 Page 的 data。

1. 简单绑定

数据绑定使用 Mustache 语法（双大括号）将变量包起来，可以作用于各种场合。

- 作用于内容的例子：

```
<view> {{ message }} </view>
```

```
Page({
  data: {
    message: 'Hello dingtalk!'
  }
})
```

- 作用于组件属性的例子（需要在双引号之内）：

```
<view id="item-{{id}}"> </view>
```

```
Page({
  data: {
    id: 0
  }
})
```

- 作用于控制属性的例子（需要在双引号之内）：

```
<view a:if="{{condition}}"> </view>
```

```
Page({
  data: {
    condition: true
  }
})
```

- 作用于关键字的例子（需要在双引号之内），如表 4-11 所示。

表 4-11　作用于关键字的例子

值	说　明
true	Boolean 类型的 true，代表真值
false	Boolean 类型的 false，代表假值

```
<checkbox checked="{{false}}"> </checkbox>
```

注　意

　　如果直接写 checked="false"，则计算结果是一个字符串，转换成 Boolean 类型后代表 true。

2. 运算

开发者可以在{{}}内进行简单的运算，支持的运算方式有如下几种。

- 三元运算：

```
<view hidden="{{flag ? true : false}}"> Hidden </view>
```

- 算数运算：

```
<view> {{a + b}} + {{c}} + d </view>
```

```
Page({
  data: {
    a: 1,
    b: 2,
    c: 3
  }
})
```

view 中的内容为 3+3+d。

- 逻辑运算：

```
<view a:if="{{length > 5}}"> </view>
```

- 字符串运算：

```
<view>{{"hello" + name}}</view>
```

```
Page({
  data:{
    name: 'dingtalk'
  }
})
```

- 数据路径运算：

```
<view>{{object.key}} {{array[0]}}</view>
```

```
Page({
  data: {
    object: {
      key: 'Hello '
    },
    array: ['dingtalk']
  }
})
```

3. 组合

开发者可以在 Mustache 内直接进行组合，构成新的数组或者对象。

- 数组：

```
<view a:for="{{[zero, 1, 2, 3, 4]}}"> {{item}} </view>
```

```
Page({
  data: {
    zero: 0
  }
})
```

最终组合成的数组是[0,1,2,3,4]。

- 对象：

```
<template is="objectCombine" data="{{foo: a, bar: b}}"></template>
Page({
  data: {
    a: 1,
    b: 2
```

```
  }
})
```

最终组合成的对象是{foo:1,bar:2}。

也可以用扩展运算符（…）将一个对象展开。

```
<template is="objectCombine" data="{{...obj1, ...obj2, e: 5}}"></template>
```

```
Page({
  data: {
    obj1: {
      a: 1,
      b: 2
    },
    obj2: {
      c: 3,
      d: 4
    }
  }
})
```

最终组合成的对象是 {a:1,b:2,c:3,d:4,e:5}。

如果对象的 key 和 value 相同，则可以间接地表达。

```
<template is="objectCombine" data="{{foo, bar}}"></template>
```

```
Page({
  data: {
    foo: 'my-foo',
    bar: 'my-bar'
  }
})
```

最终组合成的对象是{foo:'my-foo',bar:'my-bar'}。

🛒 **注 意**

上面的方式可以随意组合，但是如果存在变量名相同的情况，则后面的变量会覆盖前面的变量。

示例代码：

```
<template is="objectCombine" data="{{...obj1, ...obj2, a, c: 6}}"></template>
```

```
Page({
  data: {
    obj1: {
      a: 1,
      b: 2
    },
    obj2: {
      b: 3,
      c: 4
    },
    a: 5
  }
})
```

最终组合成的对象是 {a: 5, b: 3, c: 6}。

4.5.2　条件渲染

钉钉小程序支持 a:if 和 block a:if 方式的条件渲染。

1. a:if

在框架中，我们使用 a:if="{{condition}}"来判断是否需要渲染该代码块。

```
<view a:if="{{condition}}"> True </view>
```

也可以使用 a:elif 和 a:else 来添加一个 else 块。

```
<view a:if="{{length > 5}}"> 1 </view>
<view a:elif="{{length > 2}}"> 2 </view>
<view a:else> 3 </view>
```

2. block a:if

a:if 是一个控制属性，需要将它添加到一个标签上。如果想一次性判断多个组件标签，可以使用一个<block/>标签将多个组件包装起来，并在它的上边使用 a:if 来控制被包装的组件是否显示。

示例代码：

```
<block a:if="{{true}}">
```

```
<view> view1 </view>
<view> view2 </view>
</block>
```

🎓 注意

　　并不是一个组件，只是一个包装元素，不会在页面中做任何渲染，只接受控制属性。

4.5.3　列表渲染

钉钉小程序支持 a:for、block a:for、a:key 和 key 方式的列表渲染。

1. a:for

　　在组件上使用 a:for 属性可以绑定一个数组，然后就可以使用数组中的各项数据重复渲染该组件。

　　数组当前项的下标变量名默认为 index，数组当前项的变量名默认为 item。

```
<view a:for="{{array}}">
  {{index}}: {{item.message}}
</view>
```

```
Page({
  data: {
    array: [{
      message: 'foo',
    }, {
      message: 'bar'
    }]
  }
})
```

　　使用 a:for-item 可以指定数组当前项的变量名，使用 a:for-index 可以指定数组当前项的下标变量名。

```
<view a:for="{{array}}" a:for-index="idx" a:for-item="itemName">
  {{idx}}: {{itemName.message}}
</view>
```

a:for 也可以嵌套，下面的代码表示一个九九乘法表。

```
<view a:for="{{[1, 2, 3, 4, 5, 6, 7, 8, 9]}}" a:for-item="i">
 <view a:for="{{[1, 2, 3, 4, 5, 6, 7, 8, 9]}}" a:for-item="j">
  <view a:if="{{i <= j}}">
   {{i}} * {{j}} = {{i * j}}
  </view>
 </view>
</view>
```

2. block a:for

类似 block a:if，block a:for 可以用在<block/>标签上，以渲染一个包含多节点的结构块。

```
<block a:for="{{[1, 2, 3]}}">
 <view> {{index}}: </view>
 <view> {{item}} </view>
</block>
```

3. a:key

如果列表中项目的位置会动态改变或者有新的项目添加到列表中，同时希望列表中的项目保持自己的特征和状态（比如，<input/>中的输入内容、<switch/>的选中状态），则需要使用 a:key 来指定列表中项目的唯一标识符。

a:key 的值以两种形式提供。

- 字符串，代表在 for 循环的 array 中 item 的某个属性。该属性的值需要是列表中唯一的字符串或数字，并且不能动态改变。

- 保留关键字（*this），代表在 for 循环中的 item 本身，表示需要 item 本身是唯一的字符串或者数字，比如当数据改变触发渲染层重新执行渲染时，会校正带有 key 的组件，框架会确保它们重新被排序，而不是重新创建，以确保组件保持自身的状态，并且提高列表渲染时的效率。

如果明确知道列表是静态的，或者不用关注其顺序，则可以选择忽略。

```
<view class="container">
 <view a:for="{{list}}" a:key="*this">
  <view onTap="bringToFront" data-value="{{item}}">
  {{item}}: click to bring to front
  </view>
```

```
    </view>
</view>
```

```
Page({
  data:{
    list:['1', '2', '3', '4'],
  },
  bringToFront(e) {
    const { value } = e.target.dataset;
    const list = this.data.list.concat();
    const index = list.indexOf(value);
    if (index !== -1) {
      list.splice(index, 1);
      list.unshift(value);
      this.setData({ list });
    }
  }
});
```

4. key

key 是比 a:key 更通用的写法，里面可以填充任意表达式和字符串。

```
<view class="container">
  <view a:for="{{list}}" key="{{item}}">
    <view onTap="bringToFront" data-value="{{item}}">
    {{item}}: click to bring to front
    </view>
  </view>
</view>
```

```
Page({
  data:{
    list:['1', '2', '3', '4'],
  },
  bringToFront(e) {
    const { value } = e.target.dataset;
    const list = this.data.list.concat();
    const index = list.indexOf(value);
    if (index !== -1) {
```

```
    list.splice(index, 1);
    list.unshift(value);
    this.setData({ list });
  }
}
});
```

同时可以利用 key 来防止组件的复用，例如，如果允许用户输入不同类型的数据。

```
<input a:if="{{name}}" placeholder="Enter your username">
<input a:else placeholder="Enter your email address">
```

那么当用户输入 name 并切换到 email 时，当前输入值会被保留，如果不想保留，则可以使用 key。

```
<input key="name" a:if="{{name}}" placeholder="Enter your username">
<input key="email" a:else placeholder="Enter your email address">
```

4.5.4 引用

AXML 提供了两种文件引用方式：import 和 include。

1．import

import 可以加载已经定义好的 template。

例如，在 item.axml 中定义一个名称为 item 的 template。

```
<!-- item.axml -->
<template name="item">
  <text>{{text}}</text>
</template>
```

在 index.axml 中引用 item.axml，就可以使用 item 模板。

```
<import src="./item.axml"/>
<template is="item" data="{{text: 'forbar'}}"/>
```

import 有作用域的概念，只会引用目标文件中定义的 template。比如，C import B，B import A，在 C 中可以使用 B 定义的 template，在 B 中可以使用 A 定义的 template，但是在 C 中不能使用 A 定义的 template。

```
<!-- A.axml -->
<template name="A">
  <text> A template </text>
```

```
</template>
```

```
<!-- B.axml -->
<import src="./a.axml"/>
<template name="B">
  <text> B template </text>
</template>
```

```
<!-- C.axml -->
<import src="./b.axml"/>
<template is="A"/>
<template is="B"/>
```

🎓 注 意

template 的子节点只能有一个，而不能有多个。

拥有一个子节点的示例代码（允许）：

```
<template name="x">
  <view />
</template>
```

拥有多个子节点的示例代码（不允许）：

```
<template name="x">
  <view />
  <view />
</template>
```

2. include

include 可以将目标文件（除<template/>外）的整个代码引入，相当于复制到 include 位置。

```
<!-- index.axml -->
<include src="./header.axml"/>
<view> body </view>
<include src="./footer.axml"/>
```

```
<!-- header.axml -->
<view> header </view>
```

```
<!-- footer.axml -->
<view> footer </view>
```

4.5.5 模板

AXML 提供了模板（template），开发者可以在模板中定义代码片段，然后在不同的地方调用。

 说 明

此处的 template 区别于 slot，关于 slot，读者可参考自定义组件的相关介绍。

1．定义模板

使用 name 属性作为模板的名字，然后在<template/>中定义代码片段。

```
<!--
  index: int
  msg: string
  time: string
-->
<template name="msgItem">
  <view>
    <text> {{index}}: {{msg}} </text>
    <text> Time: {{time}} </text>
  </view>
</template>
```

2．使用模板

使用 is 属性声明需要使用的模板，然后将该模板所需要的 data 传入。

```
<template is="msgItem" data="{{...item}}"/>
Page({
  data: {
    item: {
      index: 0,
      msg: 'this is a template',
      time: '2016-09-15'
    }
```

```
  }
})
```

is 属性可以使用 Mustache 语法来动态决定具体需要渲染哪个模板。

```
<template name="odd">
  <view> odd </view>
</template>
<template name="even">
  <view> even </view>
</template>


<block a:for="{{[1, 2, 3, 4, 5]}}">
   <template is="{{item % 2 == 0 ? 'even' : 'odd'}}"/>
</block>
```

3. 模板作用域

模板拥有自己的作用域，只能用 data 传入的数据，但可以通过 onXX 绑定页面的逻辑处理函数。

推荐用 template 方式来引入模板片段，因为 template 会指定自己的作用域，只使用 data 传入的数据，应用会对此进行优化。如果该 template 的 data 没有改变，则该片段 UI 不会被重新渲染。

引入路径支持从 node_modules 目录中载入第三方模块，例如，在 page.axml 中可以通过以下方式引入：

```
<import src="./a.axml"/> <!-- 相对路径 -->
<import src="/a.axml"/> <!-- 项目绝对路径 -->
<import src="third-party/x.axml"/> <!-- 第三方 npm 包路径 -->
```

4.6 自定义组件

本节将介绍自定义组件的开发流程，并对如何开发、使用及发布自定义组件进行说明。

4.6.1 开发流程

自定义组件功能可将需要复用的功能模块抽象成自定义组件，从而在不同页面中复用。一个自定义组件由.axml、.js、.acss、.json 文件组成。

创建并使用自定义组件的步骤如下。

① 新建自定义组件文件夹。

② 在.json 文件中声明自定义组件。

③ 使用 Component 函数注册自定义组件。

④ 使用自定义组件。

步骤一：新建自定义组件文件夹。

（1）在 IDE 中打开一个空白或已有项目，然后在左侧文件操作区中新建一个 components 文件夹。

（2）右击 components 文件夹，在弹出的快捷菜单中选择"新建小程序组件"命令，如图 4-1 所示。

图 4-1　选择"新建小程序组件"命令

（3）在弹出的页面中，输入组件命令（如 index）。IDE 会自动生成自定义组件所需的文件，如图 4-2 所示。

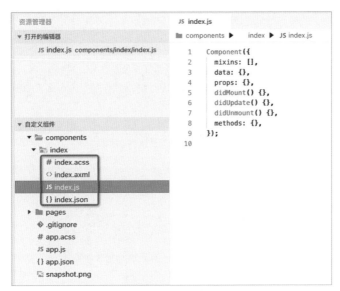

图 4-2　生成自定义组件所需的文件

步骤二：在.json 文件中声明自定义组件。

组件配置文件 index.json 用于声明当前目录是一个自定义组件。开发者需要在.json 文件中指明自定义组件的依赖。组件配置属性列表如表 4-12 所示。

```
{
  "component": true,
  "usingComponents": {
    "c1":"../x/index"
  }
}
```

表 4-12　组件配置属性列表

属　　性	类　　型	是否必填	说　　明
component	Boolean	是	指明是组件
usingComponents	Object	否	指明依赖的组件所在的路径：项目绝对路径以 / 开头，相对路径以 ./ 或者 ../ 开头，npm 路径不以 / 开头

步骤三：使用 Component 函数注册自定义组件。

index.js 文件用于注册一个组件对象。开发者需要在.js 文件中调用 Component 函数来定义组件。

```
Component({
  mixins:[{ didMount() {}, }],        // 使用 mixins 方便复用代码
  data: {y:2},                        // 组件内部数据
  props:{x:1},                        // 可为外部传入的属性添加默认值
  didUpdate(prevProps,prevData){},    // 生命周期方法
  didUnmount(){},
  methods:{                           // 自定义方法
    onMyClick(ev){
      dd.alert({});
      this.props.onXX({ ...ev, e2:1});
    },
  },
})
```

步骤四：使用自定义组件。

声明好一个组件后，即可在其他页面上使用该组件。

先在页面配置中说明要使用哪个自定义组件，主要指定组件标签名称和组件所在路径。

```
// 在 page.json 文件中配置，而不是在 app.json 文件中配置
{
  "usingComponents":{
    "your-custom-component":"mini-antui/es/list/index",
    "your-custom-component2":"/components/card/index",
    "your-custom-component3":"./result/index",
    "your-custom-component4":"../result/index"
  }
}
```

然后在页面中引用组件即可。

```
// page.axml
<list>
  <view slot="header">列表头部</view>
  <block a:for="{{items}}">
    <list-item key="item-{{index}}">
      {{item.title}}
```

```
    <view class="am-list-brief">{{item.brief}}</view>
  </list-item>
</block>
<view slot="footer">列表尾部</view>
</list>
```

4.6.2　开发自定义组件

1. 组件配置

开发者需要在.json 文件中指明自定义组件的依赖。

```
{
  "component": true,
  "usingComponents": {
    "c1":"../x/index"
  }
}
```

开发者需要在.js 文件中调用 Component 函数来定义组件。

```
Component({
  mixins:[{ didMount() {}, }],
  data: {y:2},
  props:{x:1},
  didUpdate(prevProps,prevData){},
  didUnmount(){},
  methods:{
    onMyClick(ev){
      dd.alert({});
      this.props.onXX({ ...ev, e2:1});
    },
  },
})
```

2. 组件模板和样式

与页面类似，自定义组件可以有自己的 AXML 模板和 ACSS 样式。

1）AXML 模板

自定义组件必须有 AXML 模板，否则无法进行渲染。

```
<!-- /components/xx/index.axml -->
```

```
<view onTap="onMyClick" id="c-{{$id}}"/>
Component({
  methods: {
    onMyClick(e) {
      console.log(this.is, this.$id);
    },
  },
});
```

注意

与页面不同，在自定义组件中，用户自定义事件需要放到 methods 里面。

2）slot

通过在组件.js 文件中支持 props，自定义组件可以和外部调用者互相沟通，接收外部调用者传来的数据，同时可以调用外部调用者传来的函数，通知外部调用者组件内部的变化。

但是只有这样，自定义组件还不够灵活，开发者想要实现的不仅仅是数据的处理与通知，还希望自定义组件的 AXML 结构可以使用外部调用者传来的 AXML 组装。也就是说，外部调用者可以传递 AXML 给自定义组件，自定义组件使用其组装出最终的 AXML 结构。

为此，钉钉小程序提供了 slot。

（1）default slot。

可以将 slot 理解为槽位，那么 default slot 就是默认槽位，如果调用者在组件标签<xx>之间不传递 AXML，则最终会将默认槽位渲染出来。而如果调用者在组件标签<xx>之间传递 AXML，则使用其替代默认槽位，进而组装出最终的 AXML 结构以供渲染引擎（如 WKWebView）渲染。

示例代码：

```
<!-- /components/xx/index.axml -->
<view>
  <slot>
    <view>default slot & default value</view>
  </slot>
```

```
  <view>other</view>
</view>
```

- 调用者不传递 AXML：

```
<!-- /pages/index/index.axml -->
<xx />
```

页面输出：

```
default slot & default value
other
```

- 调用者传递 AXML：

```
<!-- /pages/index/index.axml -->
<xx>
  <view>xx</view>
  <view>yy</view>
</xx>
```

页面输出：

```
xx
yy
other
```

（2）named slot。

仅仅有 default slot 显然是不够灵活的，因为它只能传递一个 AXML，而如果组件比较复杂，我们通常希望在不同的位置渲染不同的 AXML，这就需要传递多个 AXML，此时可利用 named slot。

named slot 就是命名槽位，外部调用者可以在自定义组件标签的子标签中指定要将哪一部分的 AXML 放入自定义组件的哪个命名槽位中。而自定义组件标签的子标签中没有指定命名槽位的部分则会被放入默认槽位中。如果仅仅传递了命名槽位，则会渲染出默认槽位。

示例代码：

```
<!-- /components/xx/index.axml -->
<view>
  <slot>
    <view>default slot & default value</view>
  </slot>
```

```
<slot name="header"/>
<view>body</view>
<slot name="footer"/>
</view>
```

- 只传递命名槽位：

```
<!-- /pages/index/index.axml -->
<xx>
  <view slot="header">header</view>
  <view slot="footer">footer</view>
</xx>
```

页面输出：

```
default slot & default value
header
body
footer
```

- 传递命名槽位与默认槽位：

```
<!-- /pages/index/index.axml -->
<xx>
  <view>this is to default slot</view>
  <view slot="header">header</view>
  <view slot="footer">footer</view>
</xx>
```

页面输出：

```
this is to default slot
header
body
footer
```

（3）slot scope。

至此，自定义组件已经比较灵活了，但是还不够灵活。通过 named slot，自定义组件的 AXML 要么使用自定义组件自己的 AXML，要么使用外部调用者（比如页面）的 AXML。

使用自定义组件自己的 AXML，可以访问到组件内部的数据，同时通过 props 属性，可以访问到外部调用者的数据。

示例代码：

```
// /components/xx/index.js
Component({
  data: {
    x: 1,
  },
  props: {
    y: '',
  },
});
<!-- /components/xx/index.axml -->
<view>component data: {{x}}</view>
<view>page data: {{y}}</view>
// /pages/index/index.js
Page({
  data: { y: 2 },
});
<!-- /pages/index/index.axml -->
<xx y="{{y}}" />
```

页面输出：

```
component data: 1
page data: 2
```

而自定义组件通过 named slot 使用外部调用者（比如页面）的 AXML 时，却只能访问到外部调用者的数据。

```
<!-- /components/xx/index.axml -->
<view>
  <slot>
    <view>default slot & default value</view>
  </slot>
  <view>body</view>
</view>
// /pages/index/index.js
Page({
  data: { y: 2 },
});
<!-- /pages/index/index.axml -->
```

```
<xx>
  <view>page data: {{y}}</view>
</xx>
```

页面输出：

```
page data: 2
body
```

通过使用 slot scope，可以让外部调用者传递的 AXML 访问到组件内部的数据。

示例代码：

```
// /components/xx/index.js
Component({
  data: {
    x: 1,
  },
});
<!-- /components/xx/index.axml -->
<view>
  <slot x="{{x}}">
    <view>default slot & default value</view>
  </slot>
  <view>body</view>
</view>
// /pages/index/index.js
Page({
  data: { y: 2 },
});
<!-- /pages/index/index.axml -->
<xx>
  <view slot-scope="props">
    <view>component data: {{props.x}}</view>
    <view>page data: {{y}}</view>
  </view>
</xx>
```

页面输出：

```
component data: 1
```

```
page data: 2
body
```

在外部调用者使用组件自定义标签时，使用 slot-scope 属性，slot-scope 属性的值被用作一个临时变量，此变量接收从自定义组件 AXML 传递过来的 props 对象。

3）ACSS 样式

和页面一样，自定义组件也可以定义自己的 ACSS 样式。ACSS 会自动引入使用组件的页面，不需要开发者手动引入。

4）Data

data 表示组件的局部状态，和页面一样，开发者可以通过 this.setData 更改数据，会触发组件的重新渲染；也可以通过 this.$spliceData 更改数据。

详情可参考 4.4.1 节。

示例代码：

```
// /components/counter/index.js
Component({
  data: { counter: 0 }
});
<!-- /components/counter/index.axml -->
<view>{{counter}}</view>
// /components/counter/index.json
{
  "component": true,
}
```

以上代码分别实现了自定义组件的 3 个要素，即.js、.axml、.json，之后在页面中就可以使用了。首先需要在页面的.json 文件中声明依赖的组件，和组件声明依赖的方式相同。

```
// /pages/index/index.json
{
  "usingComponents": {
    "my-component": "/components/counter/index"
  }
}
```

然后在页面的.axml 文件中就可以使用了。

```
<!-- /pages/index/index.axml -->
<my-component />
```

页面输出：

```
0
```

3．组件属性

1）methods

开发者当然不希望自定义组件只能渲染静态数据，还希望它可以响应用户点击事件，进而处理该事件并触发组件重新渲染。

📖 注 意

与 Page 不同，开发者需要将事件处理函数定义在 methods 中。

首先修改组件的.axml 文件：

```
<!-- /components/counter/index.axml -->
<view>{{counter}}</view>
<button onTap="plusOne">+1</button>
```

然后在组件的.js 文件中处理事件：

```
// /components/counter/index.js
Component({
  data: { counter: 0 },
  methods: {
    plusOne(e) {
      console.log(e);
      this.setData({ counter: this.data.counter + 1 });
    },
  },
});
```

现在页面就会多渲染一个按钮，每次点击它都会将页面的数字加 1。

2）props

开发者希望自定义组件与外界不是隔离的。到目前为止，它是一个独立的模块，想让它与外界交流，就需要让它接受外界的输入，做完处理之后，还可以通知外界："我做完了。"这些都可以通过 props 来实现。

说 明

- class 属性需要使用 this.props.className 来读取。
- props 为外部传过来的属性，开发者可指定默认属性，后面不可修改。
- 自定义组件的.axml 文件中可以直接引用 props 属性。

示例代码：

```
// /components/counter/index.js
Component({
  data: { counter: 0 },
  props: {
    onCounterPlusOne: (data) => console.log(data),
    extra: 'default extra',
  },
  methods: {
    plusOne(e) {
      console.log(e);
      const counter = this.data.counter + 1;
      this.setData({ counter });
      this.props.onCounterPlusOne(counter);
    },
  },
});
```

以上代码使用 props 属性设置属性默认值，然后在事件处理函数中通过 this.props 获取这些属性值。

```
<!-- /components/counter/index.axml -->
<view>{{counter}}</view>
<view>extra: {{extra}}</view>
<button onTap="plusOne">+1</button>
```

- 外部使用自定义组件不传递 props 示例代码：

```
<!-- /pages/index/index.axml -->
<my-component />
```

页面输出：

```
0
```

```
extra: default extra
+1
```

此时并未传递参数，所以页面会显示组件.js 文件中 props 设定的默认值。

- 外部使用自定义组件传递 props 示例代码：

```
// /pages/index/index.js
Page({
  onCounterPlusOne(data) {
    console.log(data);
  }
});
```

```
// /pages/index/index.axml
<my-component extra="external extra" onCounterPlusOne="onCounterPlusOne" />
```

页面输出：

```
0
external extra
+1
```

此时传递了参数，所以页面会显示外部传递的 extra 值 external extra。

───🎓 注 意 ───

外部使用自定义组件时，如果传递的参数是函数，则一定要用 on 作为前缀，否则会将其处理为字符串。

4. 组件生命周期

通过传递 props 属性实现了自定义组件与外部调用者的交流，但有时自定义组件需要依赖外部数据。

例如，希望在自定义组件中向服务端发送请求获取数据，或者希望在确保组件已经渲染到页面上之后，再做某些操作。为此自定义组件提供了 3 个生命周期方法：didMount、didUpdate、didUnmount。

1）didMount

didMount 为渲染后回调方法，此时页面已经渲染，通常在这里请求服务端数据比较合适。

说 明

在组件中可以使用 dd 调用 API。

```
Component({
  data: {},
  didMount() {
    let that = this;
    dd.httpRequest({
      url: '链接 1',
      success: function(res) {
        that.setData({name: 'xiaoming'})
      }
    });
  },
});
```

2）didUpdate

didUpdate 为更新后回调方法，每次在组件数据变更时都会被调用。

```
Component({
  data: {},
  didUpdate(prevProps,prevData) {
    console.log(prevProps, this.props, prevData, this.data)
  },
});
```

注 意

- 组件内部调用 this.setData 时会触发 didUpdate。
- 外部调用者调用 this.setData 时也会触发 didUpdate。

3）didUnmount

didUnmount 为删除后回调方法，每当组件实例从页面中被删除时触发此回调
方法。

```
Component({
  data: {},
  didUnmount() {
```

```
    console.log(this)
  },
});
```

4）mixins

开发者有时可能会实现多个自定义组件，而这些自定义组件可能会有一些公共逻辑要处理，为此，小程序提供了 mixins。

```
// /mixins/lifecycle.js
export default {
  didMount(){},
  didUpdate(prevProps,prevData){},
  didUnmount(){},
};
// /pages/components/xx/index.js
import lifecycle from '../../mixins/lifecycle';

const initialState = {
  data: {
    y: 2
  },
};

const defaultProps = {
  props: {
    a: 3,
  },
};

const methods = {
  methods: {
    onTapHandler() {},
  },
}

Component({
  mixins: [
    lifecycle,
    initialState,
```

```
  defaultProps,
  methods
 ],
 data: {
   x: 1,
 },
});
```

> 🎓 **注 意**

- 每个 mixins 只能包含 props、data、methods、didMount、didUpdate、didUnmount 等属性。
- 多个 mixins 中的属性 key 要确保不同，否则会报错。

5. 其他组件实例属性

除了 data、setData、props 等属性，组件实例还有如下属性。

- is：组件路径。

- $page：组件所属页面实例。

- $id：组件 id，在组件 AXML 中也可直接渲染。

```
// /components/xx/index.js
Component({
  didMount(){
    console.log(this.is);
    console.log(this.$page);
    console.log(this.$id);
  }
});
<!-- /components/xx/index.axml, 组件 id 可直接在组件 AXML 中渲染 -->
<view>{{$id}}</view>
// /pages/index/index.json
{
  "usingComponents": {
    "xx": "/components/xx/index"
  }
```

```
}
<!-- /pages/index/index.axml -->
<xx />
```

当组件在页面中渲染后，运行 didMount 回调方法，控制台输出的内容如下：

```
/components/xx/index
{$viewId: 51, route: "pages/index/index"}
```

4.6.3　使用自定义组件

（1）引用自定义组件，代码如下：

```
// 在 page.json 文件中配置，而不是在 app.json 文件中配置
{
  "usingComponents":{
    "your-custom-component":"mini-antui/es/list/index",
    "your-custom-component2":"/components/card/index",
    "your-custom-component3":"./result/index",
    "your-custom-component4":"../result/index"
  }
}
// 项目绝对路径以/开头，相对路径以./或者../开头，npm 路径不以/开头
```

安装 npm 模块，可参考第三方 npm 模块的相关内容。

（2）使用自定义组件，代码如下：

```
// page.axml
<list>
  <view slot="header">列表头部</view>
  <block a:for="{{items}}">
    <list-item key="item-{{index}}">
      {{item.title}}
      <view class="am-list-brief">{{item.brief}}</view>
    </list-item>
  </block>
  <view slot="footer">列表尾部</view>
</list>
```

4.6.4　发布自定义组件

小程序原生支持引入第三方 npm 模块，因此，也支持自定义组件发布到 npm 模块，以方便开发者复用和分享。

1．文件结构

以下是发布自定义组件的推荐文件结构，仅供参考。

```
├── src // 用于单个自定义组件
│   ├── index.js
│   ├── index.json
│   ├── index.axml
│   └── index.acss
├── ├── demo //用于自定义组件的 demo 演示
│   ├── ├── index.js
│   ├── ├── index.json
│   ├── ├── index.axml
│   ├── ├── index.acss
├── app.js // 用于自定义组件小程序 demo
├── app.json
└── app.acss
```

2．.json 示例

package.json 示例代码：

```
// package.json
{
  "name": "your-custom-compnent",
  "version": "1.0.0",
  "description": "your-custom-compnent",
  "repository": {
    "type": "git",
    "url": "your-custom-compnent-repository-url"
  },
  "files": [
    "es"
  ],
  "keywords": [
    "custom-component",
```

```
  "mini-program"
 ],
 "devDependencies": {
  "rc-tools": "6.x"
 },
 "scripts": {
  "build": "rc-tools run compile && node scripts/cp.js && node scripts/rm.js",
  "pub": "git push origin && npm run build && npm publish"
 }
}
```

3．.js 示例

cp.js 示例代码：

```
// scripts/cp.js
const fs = require('fs-extra');
const path = require('path');
// copy file
fs.copySync(path.join(__dirname, '../src'), path.join(__dirname, '../es'), {
  filter(src, des){
    return !src.endsWith('.js');
  }
});
```

rm.js 示例代码：

```
// scripts/rm.js
const fs = require('fs-extra');
const path = require('path');

// remove unnecessary file
const dirs = fs.readdirSync(path.join(__dirname, '../es'));

dirs.forEach((item) => {
  if (item.includes('app.') || item.includes('DS_Store') ||
item.includes('demo')) {
    fs.removeSync(path.join(__dirname, '../es/', item));
  } else {
    const moduleDirs = fs.readdirSync(path.join(__dirname, '../es/', item));
    moduleDirs.forEach((item2) => {
      if (item2.includes('demo')) {
        fs.removeSync(path.join(__dirname, '../es/', item, item2));
```

```
  }
 });
 }
});
fs.removeSync(path.join(__dirname, '../lib/'));
```

4.7 事件

本节将分两部分进行介绍，分别是事件概述和事件对象。

4.7.1 事件概述

1. 什么是事件

- 事件是视图层到逻辑层的通信方式。
- 事件可以将用户的行为反馈到逻辑层进行处理。
- 事件可以绑定在组件上，当达到触发条件时，就会执行逻辑层中对应的事件函数。
- 事件对象可以携带额外信息，如 id、dataset、touches。

2. 使用方式

若要在组件中绑定一个事件处理函数，则需要在该页面的.js文件的 Page 方法中定义 onTap 对应的事件处理函数。

```
<view id="tapTest" data-hi="Dingtalk" onTap="tapName">
 <view id="tapTestInner" data-hi="DingtalkInner">
  Click me!
 </view>
</view>
```

在 Page 方法中写上相应的事件处理函数，参数是 event。

```
Page({
 tapName(event) {
  console.log(event)
 }
})
```

控制台输出的 event 信息如下：

```
{
  "type": "tap",
  "timeStamp": 1619083408000,
  "target": {
    "id": "tapTestInner",
    "dataset": {
      "hi": "Dingtalk"
    },
    "targetDataset": {
      "hi": "DingtalkInner"
    }
  },
  "currentTarget": {
    "id": "tapTest",
    "dataset": {
      "hi": "Dingtalk"
    }
  }
}
```

3. 事件类型

事件分为冒泡事件和非冒泡事件两种类型。

- 冒泡事件。当一个组件上的事件被触发后，该事件会向父节点传递。

- 非冒泡事件。当一个组件上的事件被触发后，该事件不会向父节点传递。

事件绑定的写法与组件的属性的写法相同，即以 key、value 的形式表示。

- key 以 on 或 catch 开头，然后跟上事件的类型，如 onTap、catchTap。

- value 是一个字符串，需要在对应的 Page 方法中定义同名的函数，否则当触发事件时会报错。

on 事件绑定不会阻止冒泡事件向上冒泡，catch 事件绑定可以阻止冒泡事件向上冒泡。

示例代码：

```
<view id="outter" onTap="handleTap1">
  view1
  <view id="middle" catchTap="handleTap2">
```

```
  view2
  <view id="inner" onTap="handleTap3">
    view3
  </view>
 </view>
</view>
```

在以上代码中：

- 点击 view3 会先后触发 handleTap3 和 handleTap2。因为 onTap 事件会冒泡到 view2，而 view2 阻止了 catchTap 事件冒泡，不再向父节点传递。

- 点击 view2 会触发 handleTap2。

- 点击 view1 会触发 handleTap1。

冒泡事件列表如表 4-13 所示，其他事件不冒泡。

表 4-13　冒泡事件列表

类　型	触　发　条　件
touchstart	触摸动作开始
touchmove	触摸后移动
touchend	触摸动作结束
touchcancel	触摸动作被打断，如来电提醒、弹窗
tap	触摸后马上离开
longtap	触摸后，超过 300ms 再离开

4.7.2　事件对象

当组件触发事件时，逻辑层绑定该事件的处理函数会收到一个事件对象。

1．BaseEvent

BaseEvent 是基础事件对象，其属性列表如表 4-14 所示。

表 4-14　BaseEvent 对象的属性列表

属　性	类　型	说　明
type	String	事件类型
timeStamp	Integer	事件生成时的时间戳
target	Object	触发事件的组件的属性值集合

- type：代表事件的类型。

- timeStamp：页面打开到触发事件所经过的毫秒数。

- target：触发事件的源组件，属性列表如表 4-15 所示。

表 4-15 target 属性列表

属　　性	类　　型	说　　明
id	String	事件源组件的 id
tagName	String	当前组件的类型
dataset	Object	绑定事件的组件上以 data-开头的自定义属性的集合
targetDataset	Object	实际触发事件的组件上以 data-开头的自定义属性的集合

dataset 在组件中可以定义数据，这些数据将会通过事件传递给逻辑层。

书写方式：以 data-开头，多个单词之间由连接符（-）连接，不能出现大写字母（大写字母会自动转换为小写字母），如 data-element-type。最终在 event.target.dataset 中连接符将转换成驼峰写法 elementType。

示例代码：

```
<view data-alpha-beta="1" data-alphaBeta="2" onTap="bindViewTap"> DataSet Test
</view>
```

```
Page({
  bindViewTap:function(event){
    event.target.dataset.alphaBeta === 1    // - 会转换为驼峰写法
    event.target.dataset.alphabeta === 2    // 大写字母会自动转换为小写字母
  }
})
```

2. CustomEvent

CustomEvent 是自定义事件对象，其属性（继承自 BaseEvent 对象）如表 4-16 所示。

表 4-16 CustomEvent 对象的属性

属　　性	类　　型	说　　明
detail	Object	额外的信息

自定义事件，如表单组件的提交事件会携带用户的输入信息，媒体的错误事件会携带错误信息，详细描述可参考第 5 章相关内容。

3．TouchEvent

TouchEvent 是触摸事件对象，其属性列表（继承自 BaseEvent 对象）如表 4-17 所示。

表 4-17　TouchEvent 对象的属性列表

属　　性	类　　型	说　　明
touches	Array	当前停留在屏幕中的触摸点信息的数组
changedTouches	Array	当前变化的触摸点信息的数组

touches 是一个数组，每个元素为一个 Touch 对象（canvas 触摸事件中携带的 touches 是 CanvasTouch 的数组），表示当前停留在屏幕上的触摸点。

changedTouches 的数据格式同 touches，表示有变化的触摸点，如从无变有（touchstart 事件）、位置变化（touchmove 事件）、从有变无（touchend、touchcancel 事件）。

4．Touch 对象

Touch 对象的属性列表如表 4-18 所示。

表 4-18　Touch 对象的属性列表

属　　性	类　　型	说　　明
identifier	Number	触摸点的标识符
pageX, pageY	Number	距文档左上角的距离，文档左上角为原点，横向为 x 轴，纵向为 y 轴
clientX, clientY	Number	距页面可显示区域（屏幕除去导航条）左上角的距离，页面可显示区域左上角为原点，横向为 x 轴，纵向为 y 轴

5．CanvasTouch

CanvasTouch 对象的属性列表如表 4-19 所示。

表 4-19　CanvasTouch 对象的属性列表

属　　性	类　　型	说　　明
identifier	Number	触摸点的标识符
x, y	Number	距 canvas 左上角的距离，canvas 的左上角为原点，横向为 x 轴，纵向为 y 轴

4.8 样式

ACSS 用于描述页面的样式。它是一套样式语言，用于描述 AXML 组件样式，决定 AXML 组件应该如何显示。

为了使广大的前端开发者更容易上手，ACSS 具有 CSS 大部分的特性，同时为了更适合开发小程序，小程序开发者对 CSS 进行了扩充。本节将介绍 ACSS 的 rpx 单位、样式的导入以及在开发中所用到的与样式相关的部分内容。

4.8.1 rpx

rpx（responsive pixel）可以根据屏幕宽度进行自适应。钉钉小程序规定的屏幕宽度为 750rpx。例如，在 iPhone6 上，屏幕宽度为 375px，共有 750 个物理像素，则 750rpx = 375px = 750 物理像素，1rpx = 0.5px = 1 物理像素。rpx 和 px 的换算关系如表 4-20 所示。

表 4-20　rpx 和 px 的换算关系

设　　备	rpx 换算 px（屏幕宽度/750）	px 换算 rpx（750/屏幕宽度）
iPhone5	1rpx = 0.42px	1px = 2.34rpx
iPhone6	1rpx = 0.5px	1px = 2rpx
iPhone6 Plus	1rpx = 0.552px	1px = 1.81rpx

4.8.2 样式导入

使用@import 语句可以导入外联样式表，@import 后面需要加上外联样式表的相对路径，用;结束。

button.acss 样式如下：

```
/** button.acss **/
.sm-button {
  padding:5px;
}
```

app.acss 样式如下：

```
/** app.acss **/
@import "./button.acss";
.md-button {
  padding:15px;
```

```
}
```

导入路径支持从 node_modules 目录中载入第三方模块，例如，在 page.acss
中可以通过以下方式引入：

```
@import "./button.acss";              /*相对路径*/
@import "/button.acss";               /*项目绝对路径*/
@import "third-party/button.acss";    /*第三方 npm 包路径*/
```

4.8.3　内联样式

组件支持使用 style、class 属性来控制样式。

- style 属性：将静态的样式统一写到 class 属性中。style 属性接收动态的样式，样式在运行时会进行解析。

```
<view style="color:{{color}};" />
```

📖 **注 意**

> 尽量避免将静态的样式写入 style 属性中，以免影响渲染速度。

- class 属性：用于指定样式规则，属性值是样式规则中类选择器名（样式类名）的集合，样式类名不需要包括.，之间用空格分隔。

```
<view class="my-awesome-view other-class-name" />
```

4.8.4　选择器

ACSS 选择器同 CSS3 基本保持一致，需要注意以下两点。

- 以.a-、.am-开头的类选择器被系统组件占用，不可使用。
- ACSS 语言不支持属性选择器。

4.8.5　全局样式与局部样式

定义在 app.acss 文件中的样式为全局样式，作用于每个页面。在 Page 方法
的.acss 文件中定义的样式为局部样式，只作用于对应的页面，并会覆盖 app.acss
文件中相同的选择器。

4.8.6　页面容器样式

可以通过 page 元素选择器来设置页面容器的样式，比如设置页面背景颜色：

```
page {
  background-color: red;
}
```

4.8.7　暗黑模式

必须正确配置 app.json 文件，小程序才能在系统显示模式切换时自动切换显示模式，获得较好的样式效果。

全局配置 app.json 文件：

```
{
  "window": {
    "supportColorScheme": ["light", "dark"]
  },
  "tabBar": {
    "textColor": "#333",    // 兼容不支持 colorSchemes 配置的旧版本客户端
    "backgroundColor": "#ddd",
    "selectedColor": "#38f",
    "colorSchemes": {        // 不同显示模式下的配置
      "light": {  // 在正常模式下配置，如果配置了该属性，则配置的属性将覆盖外部的颜色配置
        "textColor": "#333",
        "backgroundColor": "#ddd",
        "selectedColor": "#38f"
      },
      "dark": {  // 在暗黑模式下配置
        "textColor": "#ddd",
        "backgroundColor": "#333",
        "selectedColor": "#999"
      }
    },
    "items": [{
      "pagePath": "tab_page_path",
      "icon": "path_or_url",     // 兼容不支持 colorSchemes 配置的旧版本客户端
      "activeIcon": "path_or_url",
      "colorSchemes": {            // 不同显示模式下的配置
```

```
      "light": {
       "icon": "path_or_url",
       "activeIcon": "path_or_url"
      },
      "dark": {
       "icon": "path_or_url",
       "activeIcon": "path_or_url"
      }
     }
   }]
  }
}
```

页面样式适配分为以下几种方式。

- 手动适配：手动优化对应页面中的 page.acss。

```css
.lightmode .custom_class {
  color: #333;
}


.darkmode .custom_class {
  color: #ddd;
}
```

- 使用 CSS 变量：小程序支持 CSS 变量，注册并使用变量可以快速适配显示模式。

```css
/* app.acss（全局生效），pagePath/index.acss（只对某页面生效）*/

/* 注册 CSS 变量 */
.lightmode page {
  --custom-color: #333;
}

.darkmode page {
  --custom-color: #ddd;
}

/* 在相应的样式文件中使用 CSS 变量 */
.example {
```

```
color: #333; /* 兼容 iOS 9.3 及以下不支持 CSS 变量的版本 */
color: var(--custom-color);
}
```

- 高级用法：小程序新增了关于显示模式的 JSAPI 和事件，详细介绍可参考附录 A 中显示模式部分。

4.9　钉钉小程序 scheme

钉钉小程序 scheme 是在钉钉内打开一个指定小程序最方便的方式。

📖 注 意

scheme 遵循 RFC 3986 约定的 URI 规范。需要特别注意，应针对拼接的参数进行编码，建议使用对应语言下的 URI 库来完成 scheme 拼接。

钉钉小程序 scheme 规则适用于以下场景：

- 从 H5 跳转到某个小程序。
- 生成一个二维码，供用户通过钉钉扫码打开小程序。

从 H5 跳转到小程序，可以使用 dd.biz.util.openLink，详情可参考钉钉官方网站开发者文档 H5 微应用部分 JSAPI 参考中的在新窗口上打开链接 JSAPI。

根据不同的业务类型，钉钉小程序分为第三方企业应用、企业内部应用及第三方个人应用。这 3 种业务类型的 scheme 存在一些异同。

4.9.1　第三方企业应用

第三方企业应用 schema 格式如下：dingtalk://dingtalkclient/action/ open_micro_ app。其支持的参数如表 4-21 所示。

表 4-21　第三方企业应用支持的参数

参 数 名	是否必填	说　　明
corpId	否	企业的 corpId。如果不填写，会引导用户进入选择企业的页面
appId	是	微应用的 appId，钉钉开发者后台第三方企业应用信息里的 appId 字段。注意，不是小程序 ID

4.9.2　第三方个人应用

第三方个人应用 schema 格式如下：dingtalk://dingtalkclient/action/open_mini_app。其支持的参数如表 4-22 所示。

表 4-22　第三方个人应用支持的参数

参 数 名	是 否 必 填	说 明
miniAppId	是	小程序 ID，可以在 IDE 的详情页面中查看，参考图 4-3

图 4-3　第三方个人应用支持的参数 miniAppId

4.9.3　通用参数

除了上述不同应用类型支持的特定参数，第三方个人应用还支持如表 4-23 所示的通用参数。

表 4-23　通用参数

参 数 名	是 否 必 填	说 明
page	否	小程序的 page 地址，可以添加 get 参数，默认是小程序首页

🎓 注 意

开发者需正确编码 get 参数，并在业务代码里校验参数的合法性。

4.9.4　如何在 scheme 上携带业务参数

建议通过 page 的 get 参数在 scheme 上携带业务参数。例如，希望通过某种方式跳转到个人小程序（id=123）的 pages/index/index 页面携带的业务参数 x 值为中文，则 scheme 应该为 dingtalk://dingtalkclient/action/open_mini_app?miniAppId= 123&page= pages%2Findex%2Findex%3Fx%3D%25E4%25B8%25AD%25E6% 2596%2587。

page 参数里的这一堆内容是由 encodeURIComponent(`pages/index/index?x= ${encodeURIComponent('中文')}`);生成的。

🎓 注 意

scheme 要符合 URI 规范，正确编码，确保在各个系统内传递时不出错。通过这样的 scheme，在对应的 Page onLoad 回调里获取参数。

4.10　SJS 语法参考

本节将介绍 SJS 相关语法，包括变量、注释、运算符、语句、数据类型、基础类和 Esnext。

4.10.1　SJS 概述

SJS（Safe/Subset JavaScript）是小程序中的一套自定义脚本语言，开发者可以在 AXML 中使用其构建页面结构。SJS 是 JavaScript 语言的子集，与 JavaScript 是不同的语言，其语法并不与 JavaScript 一致，请勿将其等同于 JavaScript。

在 index.sjs 文件中定义 SJS：

```
// pages/index/index.sjs
const message = 'hello dingtalk';
const getMsg = x => x;
export default {
```

```
  message,
  getMsg,
};
```

index.js 示例代码：

```
// pages/index/index.js
Page({
  data: {
    msg: 'hello taobao',
  },
});
```

index.axml 示例代码：

```
<!-- pages/index/index.axml -->
<import-sjs name="m1" from="./index.sjs"/>
<view>{{m1.message}}</view>
<view>{{m1.getMsg(msg)}}</view>
```

页面输出：

```
hello dingtalk
hello taobao
```

🎓 注 意

- SJS 中只支持使用 import、export 管理模块依赖。
- SJS 只能定义在 .sjs 文件中，然后在 .axml 文件中使用 <import-sjs/> 标签将其引入。
- SJS 可以调用其他 .sjs 文件中定义的函数。
- SJS 的运行环境和其他 JavaScript 代码是隔离的，SJS 中不能调用其他 JavaScript 文件中定义的函数，也不能调用小程序提供的 API。
- SJS 中的函数不能作为组件事件回调。
- SJS 不依赖于基础库版本，可以在所有版本小程序中运行。

标签的用法如下。

index.js 示例代码：

```
// pages/index/index.js
Page({
  data: {
    msg: 'hello dingtalk',
```

```
  },
}) ;
```

index.sjs 示例代码：

```
// pages/index/index.sjs
function bar(prefix) {
  return prefix;
}
export default {
  foo: 'foo',
  bar: bar
};
```

namedExport.sjs 示例代码：

```
// pages/index/namedExport.sjs
export const x = 3;
export const y = 4;
```

index.axml 示例代码：

```
<!-- pages/index/index.axml -->
<import-sjs from="./index.sjs" name="test"></import-sjs>
<!-- 也可以直接使用单标签闭合的写法
<import-sjs from="./index.sjs" name="test" />
-->
<!-- 调用 test 模块里面的 bar 函数，且参数为 test 模块里面的 foo -->
<view> {{test.bar(test.foo)}} </view>
<!-- 调用 test 模块里面的 bar 函数，且参数为 page.js 里面的 msg -->
<view> {{test.bar(msg)}} </view>

<!-- 支持命名导出 -->
<import-sjs from="./namedExport.sjs" name="{x, y: z}" />
<view>{{x}}</view>
<view>{{z}}</view>
```

页面输出：

```
foo
hello dingtalk
3
4
```

标签中的属性列表如表 4-24 所示。

表 4-24 <import-sjs/>标签中的属性列表

属　　性	类　　型	是否必填	说　　明
name	String	是	当前<import-sjs>标签的模块名
from	String	是	引用.sjs 文件的相对路径

其中，name 属性用于指定当前<import-sjs/>标签的模块名，在单个.axml 文件内，建议将 name 的值设为唯一。若有重复模块名，则按照先后顺序覆盖（后者覆盖前者）。不同.axml 文件的<import-sjs/>标签的模块名不会相互覆盖。

name 属性可使用一个字符串表示默认模块名，也可使用{x}表示命名模块的导出。

注意

- 引用 SJS 时务必使用.sjs 文件后缀。
- 若定义了一个.sjs 模块，但从未引用，则该模块不会被解析与运行。

4.10.2 变量

SJS 中的变量均为值的引用。

1．语法规则

SJS 中变量的语法规则如下。

- var 与 JavaScript 中的表现一致，会有变量提升。
- 支持 const 与 let，与 JavaScript 中的表现一致。
- 没有声明的变量直接被赋值使用，会被定义为全局变量。
- 只声明变量而不赋值，则默认值为 undefined。

示例代码：

```
var num = 1;
var str = "hello dingtalk";
var undef; // undef === undefined
const n = 2;
let s = 'string';
globalVar = 3;
```

2. 变量名

1）命名规则

变量命名必须符合下面两个规则。

- 首字符必须是字母（a~z，A~Z）或下画线（_）。
- 首字符以外的字符可以是字母（a~z，A~Z）、下画线（_）或数字（0~9）。

2）保留标识符

与 JavaScript 的语法规则一致，在 SJS 中，以下标识符不能作为变量名：

```
arguments
break
case
continue
default
delete
do
else
false
for
function
if
Infinity
NaN
null
require
return
switch
this
true
typeof
undefined
var
void
while
```

4.10.3　注释

SJS 中对代码进行注释的方法和 JavaScript 一致，可以使用以下几种方法：

```
// page.sjs
// 方法一：这是一个单行注释
/*  方法二：这是一个多行注释，中间的内容都会被注释掉 */
let h = 'hello';
const w = 'dingtalk';
```

4.10.4　运算符

1. 算术运算符

示例代码：

```
var a = 10, b = 20;
// 加法运算
console.log(30 === a + b);              //true
// 减法运算
console.log(-10 === a - b);             //true
// 乘法运算
console.log(200 === a * b);             //true
// 除法运算
console.log(0.5 === a / b);             //true
// 取余运算
console.log(10 === a % b);              //true
```

"+" 运算符可用作字符串拼接：

```
var a = 'hello', b = 'dingtalk';
// 字符串拼接
console.log('hello dingtalk' === a + b);   //true
```

2. 比较运算符

示例代码：

```
var a = 10, b = 20;
// 小于
console.log(true === (a < b));          //true
// 大于
console.log(false === (a > b));         //true
// 小于或等于
```

```
console.log(true === (a <= b));     //true
// 大于或等于
console.log(false === (a >= b));    //true
// 等号
console.log(false === (a == b));    //true
// 非等号
console.log(true === (a != b));     //true
// 全等号
console.log(false === (a === b));   //true
// 非全等号
console.log(true === (a !== b));    //true
```

3．二元逻辑运算符

示例代码：

```
var a = 10, b = 20;
// 逻辑与
console.log(20 === (a && b));     //true
// 逻辑或
console.log(10 === (a || b));     //true
// 逻辑否，取反运算
console.log(false === !a);        //true
```

4．位运算符

示例代码：

```
var a = 10, b = 20;
// 左移运算
console.log(80 === (a << 3));     //true
// 无符号右移运算
console.log(2 === (a >> 2));      //true
// 带符号右移运算
console.log(2 === (a >>> 2));     //true
// 与运算
console.log(2 === (a & 3));       //true
// 异或运算
console.log(9 === (a ^ 3));       //true
// 或运算
console.log(11 === (a | 3));      //true
```

5. 赋值运算符

示例代码：

```
var a = 10;
a = 10; a *= 10;
console.log(100 === a);    //true
a = 10; a /= 5;
console.log(2 === a);      //true
a = 10; a %= 7;
console.log(3 === a);      //true
a = 10; a += 5;
console.log(15 === a);     //true
a = 10; a -= 11;
console.log(-1 === a);     //true
a = 10; a <<= 10;
console.log(10240 === a); //true
a = 10; a >>= 2;
console.log(2 === a);      //true
a = 10; a >>>= 2;
console.log(2 === a);      //true
a = 10; a &= 3;
console.log(2 === a);      //true
a = 10; a ^= 3;
console.log(9 === a);      //true
a = 10; a |= 3;
console.log(11 === a);     //true
```

6. 一元运算符

示例代码：

```
var a = 10, b = 20;
// 自增运算
console.log(10 === a++); //true
console.log(12 === ++a); //true
// 自减运算
console.log(12 === a--); //true
console.log(10 === --a); //true
// 正值运算
console.log(10 === +a);  //true
```

```
// 负值运算
console.log(0-10 === -a);                    //true
// 否运算
console.log(-11 === ~a);                      //true
// 取反运算
console.log(false === !a);                    //true
// delete 运算
console.log(true === delete a.fake);  //true
// void 运算
console.log(undefined === void a);           //true
// typeof 运算
console.log("number" === typeof a);   //true
```

7. 三元运算符

示例代码：

```
var a = 10, b = 20;
// 三元运算符
console.log(20 === (a >= 10 ? a + 10 : b + 10));   //true
```

8. 逗号运算符

示例代码：

```
var a = 10, b = 20;
// 逗号运算符
console.log(20 === (a, b));   //true
```

9. 运算符优先级

SJS 运算符的优先级与 JavaScript 的一致。

4.10.5 语句

1. if 语句

在.sjs 文件中，可以使用以下格式的 if 语句。

- if(expression)statement：当 expression 为 true 时，执行 statement。

- if(expression)statement1 else statement2：当 expression 为 true 时，执行 statement1，否则执行 statement2。

- if...else if...else statementN：通过该语句，可以在 statement1～statementN 之间
  选择一个来执行。

结构代码：

```
// if ...
if (表达式) 语句;
if (表达式)
  语句;
if (表达式) {
  代码块;
}
// if ... else ...
if (表达式) 语句;
else 语句;
if (表达式)
  语句;
else
  语句;
if (表达式) {
  代码块;
} else {
  代码块;
}
// if ... else if ... else ...
if (表达式) {
  代码块;
} else if (表达式) {
  代码块;
} else if (表达式) {
  代码块;
} else {
  代码块;
}
```

2. switch 语句

结构代码：

```
switch (表达式) {
  case 变量:
```

```
  语句；
case 数字：
  语句；
  break；
case 字符串：
  语句；
default：
  语句；
}
```

- default 分支可以省略不写。
- case 关键词后面只能使用：变量、数字或字符串。

示例代码：

```
var exp = 10;
switch(exp){
case "10":
  console.log("string 10");
  break;
case 10:
  console.log("number 10");
  break;
case exp:
  console.log("var exp");
  break;
default:
  console.log("default");
}
```

输出：

```
number 10
```

3. for 语句

结构代码：

```
for (语句; 语句; 语句)
  语句;
```

```
for (语句; 语句; 语句) {
  代码块;
}
```

> for 语句支持使用 break、continue 关键词。

示例代码：

```
for (var i = 0; i < 3; ++i) {
  console.log(i);
  if( i >= 1) break;
}
```

输出：

```
0
1
```

4. while 语句

结构代码：

```
while (表达式)
  语句;

while (表达式){
  代码块;
}

do {
  代码块;
} while (表达式)
```

> - 当表达式为 true 时，循环执行语句或代码块。
> - while 语句支持使用 break、continue 关键词。

4.10.6 数据类型

SJS 目前支持如表 4-25 所示的数据类型。

表 4-25 SJS 目前支持的数据类型

数 据 类 型	说　　明
String	字符串
Number	数值
Boolean	布尔值
Object	对象
Function	函数
Array	数组
Date	日期
Regexp	正则表达式

SJS 提供了 constructor 与 typeof 两种方式来判断数据类型。

1）constructor

示例代码：

```
const number = 10;
console.log(number.constructor);    // Number
const string = "str";
console.log(string.constructor);    // String
const boolean = true;
console.log(boolean.constructor);   // Boolean
const object = {};
console.log(object.constructor);    // Object
const func = function(){};
console.log(func.constructor);      // Function
const array = [];
console.log(array.constructor);     // Array
const date = getDate();
console.log(date.constructor);      // Date
const regexp = getRegExp();
console.log(regexp.constructor);    // Regexp
```

2）typeof

示例代码：

```
const num = 100;
const bool = false;
const obj = {};
const func = function(){};
const array = [];
const date = getDate();
const regexp = getRegExp();
console.log(typeof num);            // Number
console.log(typeof bool);           // Boolean
console.log(typeof obj);            // Object
console.log(typeof func);           // Function
console.log(typeof array);          // Object
console.log(typeof date);           // Object
console.log(typeof regexp);         // Object
console.log(typeof undefined);      // String
console.log(typeof null);           // Object
```

下面将依次介绍不同数据类型的语法、属性和方法等相关内容。

1．String

1）语法

```
'hello dingtalk';
"hello taobao";
```

2）ES6 语法

```
// 字符串模板
const a = 'hello';
const str = `${a} dingtalk`;
```

3）属性

constructor：返回值为 String。

🔔 说 明

除 constructor 属性外，其他属性及其具体含义，读者可参考 ES5 标准。

4）方法

SJS String 的方法列表如表 4-26 所示。

表 4-26 SJS String 的方法列表

方　　法	说　　明
toString	将对象转换为一个字符串
valueOf	返回指定对象的原始值
charAt	返回指定位置的字符
charCodeAt	返回指定位置的字符的 Unicode 编码
concat	用于连接两个或多个数组
indexOf	返回某个指定的字符串值在字符串中首次出现的位置
lastIndexOf	返回某个指定的字符串值在字符串中最后出现的位置
localeCompare	使用本地排序规则对两个字符串进行比较
match	在字符串内检索指定的值或找到正则表达式的匹配项
replace	替换字符或替换一个与正则表达式匹配的子字符串
search	检索字符串指定的或与正则表达式相匹配的子字符串
slice	从已有的数组中返回选定的元素
split	把一个字符串分割成字符串数组
substring	返回字符串的子字符串
toLowerCase	把字符串转换为小写
toLocaleLowerCase	把字符串转换为小写
toUpperCase	把字符串转换为大写
toLocaleUpperCase	把字符串转换为大写
trim	去掉字符串两端多余的空格

 说　明

上述方法的具体使用规则，读者可参考 ES5 标准。

2. Number

1）语法

```
const num = 10;
const PI = 3.141592653589793;
```

2）属性

constructor：返回值为 Number。

说 明

除 constructor 属性外，其他属性及其具体含义，读者可参考 ES5 标准。

3）方法

SJS Number 的方法列表如表 4-27。

表 4-27　SJS Number 的方法列表

方　　法	说　　明
toString	把对象转换为一个字符串
toLocaleString	把数组转换为本地字符串
valueOf	返回指定对象的原始值
toFixed	四舍五入为指定小数位数的数字
toExponential	把对象的值转换成指数记数法
toPrecision	在对象的值超出指定位数时将其转换为指数记数法

说 明

上述方法的具体使用规则，读者可参考 ES5 标准。

3. Boolean

布尔值只有两个特定的值：true 和 false。

1）语法

```
const a = true;
```

2）属性

constructor：返回值为 Boolean。

说 明

除 constructor 属性外，其他属性及其具体含义，读者可参考 ES5 标准。

3）方法

SJS Boolean 的方法列表如表 4-28 所示。

表 4-28 SJS Boolean 的方法列表

方　　法	说　　明
toString	将对象转换为一个字符串
valueOf	返回指定对象的原始值

 说　明

上述方法的具体使用规则，读者可请参考 ES5 标准。

4．Object

1）语法

```
var o = {};        // 生成一个新的空对象
// 生成一个新的非空对象
o = {
 'str': "str",    // 对象的 key 可以是字符串
 constVar: 2,     // 对象的 key 也可以是符合变量定义规则的标识符
 val: {},         // 对象的 value 可以是任何类型
};
// 对象属性的读操作
console.log(1 === o['string']);
console.log(2 === o.constVar);
// 对象属性的写操作
o['string']++;
o['string'] += 10;
o.constVar++;
o.constVar += 10;
// 对象属性的读操作
console.log(12 === o['string']);
console.log(13 === o.constVar);
```

2）ES6 语法

```
// 支持
let a = 2;
o = {
 a,                                          // 对象属性
 b() {},                                      // 对象方法
};
const { a, b, c: d, e = 'default'} = {a: 1, b: 2, c: 3}; // 对象解构赋值 & default
```

```
const {a, ...other} = {a: 1, b: 2, c: 3};        // 对象解构赋值
const f = {...others};                            // 对象解构
```

3）属性

constructor：返回值为 Object。

 说 明

除 constructor 属性外，其他属性及其具体含义，读者可参考 ES5 标准。

示例代码：

```
console.log("Object" === {a:2,b:"5"}.constructor);
```

4）方法

SJS Object 的方法如表 4-29 所示。

表 4-29　SJS Object 的方法

方　　法	说　　明
toString	返回字符串"[object Object]"

5．Function

1）语法

```
// 方法 1：函数声明
function a (x) {
  return x;
}
// 方法 2：函数表达式
var b = function (x) {
  return x;
};
// 方法 3：箭头函数
const double = x => x * 2;
function f(x = 2){}                              // 函数参数默认值
function g({name: n = 'xiaoming', ...other} = {}) {}// 函数参数解构赋值
function h([a, b] = []) {}                       // 函数参数解构赋值
// 匿名函数、闭包
var c = function (x) {
  return function () { return x;}
```

```
};
var d = c(25);
console.log(25 === d());
// 在 function 函数中可以使用 arguments 关键字
var a = function(){
   console.log(2 === arguments.length);
   console.log(1 === arguments[0]);
   console.log(2 === arguments[1]);
};
a(1,2);
```

输出：

```
true
true
true
```

2）属性

- constructor：返回值为 Function。

- length：返回函数的形参个数。

3）方法

SJS Function 的方法如表 4-30 所示。

表 4-30　SJS Function 的方法

方　　法	说　　明
toString	返回一个表示当前函数源代码的字符串

示例代码：

```
var f = function (a,b) { }
console.log("Function" === f.constructor);
console.log("[function Function]" === f.toString());
console.log(2 === f.length);
```

输出：

```
true
true
true
```

6．Array

1）语法

```
var a = [];                          // 空数组
a = [5,"5",{},function(){}];         // 非空数组，数组元素可以是任何类型
const [b, , c, d = 5] = [1,2,3];     // 数组解构赋值 & default
const [e, ...other] = [1,2,3];       // 数组解构赋值
const f = [...other];                // 数组解构
```

2）属性

constructor：返回值为 Array。

 说 明

除 constructor 属性外，其他属性及其具体含义，读者可参考 ES5 标准。

3）方法

SJS Array 的方法列表如表 4-31 所示。

表 4-31　SJS Array 的方法列表

方　　法	说　　明
toString	将数组转换为字符串并返回结果
concat	连接两个或多个数组
join	将数组中的所有元素放入一个字符串中
pop	删除并返回数组的最后一个元素
push	向数组的末尾添加一个或多个元素，并返回新的数组长度
reverse	颠倒数组中元素的顺序
shift	删除数组中的第一个元素并返回第一个元素的值
slice	从已有的数组中返回选定的元素
sort	对数组的元素进行排序
splice	向数组中添加或从数组中删除元素，然后返回被删除的元素组成的一个数组
unshift	向数组的开头添加一个或多个元素，并返回新的数组长度
indexOf	返回某个指定的字符串值在字符串中首次出现的位置
lastIndexOf	返回某个指定的字符串值在字符串中最后出现的位置
every	检测数组中的所有元素是否都符合指定条件
some	检测数组中的元素是否满足指定条件
forEach	调用数组中的每个元素，并将元素传递给回调方法

续表

方　法	说　明
map	返回一个新数组，新数组中的元素为原始数组元素调用函数处理后的值
filter	创建一个新数组，新数组中的元素是指定数组中符合条件的所有元素
reduce	接收一个函数作为累加器，数组中的每个值（从左到右）依次缩减，最终计算为一个值
reduceRight	接收一个函数作为累加器，数组中的每个值（从右到左）依次累加，最终计算为一个值

 说　明

　　上述方法的具体使用规则，读者可参考 ES5 标准。

7．Date

1）语法

生成 Date 对象需要使用 getDate 函数，该函数返回一个当前时间的对象。

```
getDate()
getDate(milliseconds)
getDate(datestring)
getDate(year, month[, date[, hours[, minutes[, seconds[, milliseconds]]]]])
```

示例代码：

```
let date = getDate(); //返回当前时间的对象
// Fri Jul 14 2017 10:40:00 GMT+0800 (中国标准时间)
date = getDate(1500000000000);
// Fri June 29 2016 00:00:00 GMT+0800 (中国标准时间)
date = getDate('6 29, 2016');
// Fri June 14 2017 10:40:00 GMT+0800 (中国标准时间)
date = getDate(2017, 6, 14, 10, 40, 0, 0);
```

2）参数

- milliseconds：从 1970 年 1 月 1 日 00:00:00 UTC 开始计算的毫秒数。

- datestring：日期字符串，其格式为 month day,year hours:minutes:seconds。

3）属性

constructor：返回值为 Date。

说明

除 constructor 属性外，其他属性及其具体含义，读者可参考 ES5 标准。

4）方法

SJS Date 的方法列表如表 4-32 所示。

表 4-32　SJS Date 的方法列表

方　　法	说　　明
toString	返回字符串"[object Object]"
toDateString	把 Date 对象的日期部分转换为字符串，并返回结果
toTimeString	把 Date 对象的时间部分转换为字符串，并返回结果
toLocaleString	把数组转换为本地字符串
toLocaleDateString	把 Date 对象的日期部分转换为字符串，并返回结果
toLocaleTimeString	把 Date 对象的时间部分转换为字符串，并返回结果
valueOf	用于返回指定对象的原始值
getTime	返回距 1970 年 1 月 1 日的毫秒数
getFullYear	返回表示年份的 4 位数字
getUTCFullYear	返回用协调世界时（UTC）表示年份的 4 位数字
getMonth	返回表示月份的数字
getUTCMonth	根据 UIC 返回表示月份的数字
getDate	返回月份的某一天
getUTCDate	根据 UTC 返回一个月中的某一天
getDay	返回表示星期的某一天的数字
getUTCDay	根据 UTC 返回表示星期的某一天的数字
getHours	返回表示时间的小时字段
getUTCHours	根据 UTC 返回表示时间的小时字段
getMinutes	返回表示时间的分钟字段
getUTCMinutes	根据 UTC 返回表示时间的分钟字段（0~59）
getSeconds	返回表示时间的秒字段。返回值是 0~59 的一个整数
getUTCSeconds	根据 UTC 返回表示时间的秒字段
getMilliseconds	返回表示时间的毫秒字段
getUTCMilliseconds	根据 UTC 返回表示时间的毫秒字段

续表

方　　法	说　　明
getTimezoneOffset	返回格林尼治时间和本地时间的时差，以分钟为单位
setTime	以毫秒设置 Date 对象
setMilliseconds	设置指定时间的毫秒字段
setUTCMilliseconds	根据 UTC 设置指定时间的毫秒字段
setSeconds	设置指定时间的秒字段
setUTCSeconds	根据 UTC 设置指定时间的秒字段
setMinutes	设置指定时间的分钟字段
setUTCMinutes	根据 UTC 设置指定时间的分钟字段
setHours	设置指定时间的小时字段
setUTCHours	根据 UTC 设置指定时间的小时字段（0～23）
setDate	设置一个月中的某一天
setUTCDate	根据 UTC 设置一个月中的某一天
setMonth	设置月份中的某一天
setUTCMonth	根据 UTC 设置月份
setFullYear	设置年份
setUTCFullYear	根据 UTC 设置年份
toUTCString	根据 UTC 把 Date 对象转换为字符串，并返回结果
toISOString	使用 ISO 标准将 Date 对象转换为字符串
toJSON	将 Date 对象转换为字符串，并格式化为 JSON 格式

 说　明

上述方法的具体使用规则，读者可参考 ES5 标准。

8．Regexp

1）语法

生成 regexp 对象需要使用 getRegExp 函数。

```
getRegExp(pattern[, flags])
```

示例代码：

```
var reg = getRegExp("name", "img");
console.log("name" === reg.source);
console.log(true === reg.global);
```

```
console.log(true === reg.ignoreCase);
console.log(true === reg.multiline);
```

2）参数

- pattern：正则表达式的内容。

- flags：修饰符，只能包括 g、i、m 字符。

3）属性

constructor：返回值为字符串 RegExp。另外，Regexp 还包括 global、ignoreCase、lastIndex、multiline、source 属性。

> 🔔 **说 明**
>
> 除 constructor 属性外，其他属性的具体含义，读者可参考 ES5 标准。

4）方法

SJS Regexp 的方法列表如表 4-33 所示。

表 4-33　SJS Regexp 的方法列表

方 法	说 明
exec	检索字符串中正则表达式的匹配项
test	检测一个字符串是否匹配某个模式
toString	返回正则表达式的字符串值

> 🔔 **说 明**
>
> 上述方法的具体使用规则，读者可参考 ES5 标准。

4.10.7　基础类

1．Global

SJS 不支持 JavaScript 中的大部分全局属性和方法。

1）属性

Global 的属性包括 Infinity、NaN、Undefined。具体使用规则读者可参考 ES5 标准。

2）方法

SJS 全局方法列表如表 4-34 所示。

表 4-34　SJS 全局方法列表

方　　法	说　　明
decodeURI	对 encodeURI 函数编码过的 URI 进行解码
decodeURIComponent	对 encodeURIComponent 函数编码过的 URI 进行解码
encodeURI	把字符串作为 URI 进行编码
encodeURIComponent	把字符串作为 URI 组件进行编码
isNaN	检查其参数是否是非数值
isFinite	检查其参数是否是无穷大
parseFloat	解析一个字符串，并返回一个浮点数
parseInt	将字符串参数作为有符号的十进制整数进行解析

　　上述方法的具体使用规则，读者可参考 ES5 标准。

2．console

console.log 方法可在 Console 窗口输出信息，可以接收多个参数，并将多个参数结果连接起来输出。

3．Date

Date 的方法列表如表 4-35 所示。

表 4-35　Date 的方法列表

方　　法	说　　明
now	返回自 1970 年 1 月 1 日 00:00:00 UTC 以来经过的毫秒数
parse	解析一个日期和时间字符串，并返回 1970 年 1 月 1 日午夜距离该日期时间的毫秒数
UTC	根据 UTC 返回从 1970 年 1 月 1 日到指定日期的毫秒数

　　上述方法的具体使用规则，读者可参考 ES5 标准。

4．Number

Number 的属性包括 MAX_VALUE、MIN_VALUE、NEGATIVE_INFINITY、

POSITIVE_INFINITY。具体使用规则，读者可参考 ES5 标准。

5．JSON

JSON 的方法列表如表 4-36 所示。

表 4-36　JSON 的方法列表

方　　法	说　　明
stringify	将 Object 对象转换为 JSON 字符串，并返回该字符串
parse	将 JSON 字符串转换成对象，并返回该对象

示例代码：

```
console.log(undefined === JSON.stringify());
console.log(undefined === JSON.stringify(undefined));
console.log("null"===JSON.stringify(null));
console.log("222"===JSON.stringify(222));
console.log('"222"'===JSON.stringify("222"));
console.log("true"===JSON.stringify(true));
console.log(undefined===JSON.stringify(function(){}));
console.log(undefined===JSON.parse(JSON.stringify()));
console.log(undefined===JSON.parse(JSON.stringify(undefined)));
console.log(null===JSON.parse(JSON.stringify(null)));
console.log(222===JSON.parse(JSON.stringify(222)));
console.log("222"===JSON.parse(JSON.stringify("222")));
console.log(true===JSON.parse(JSON.stringify(true)));
console.log(undefined===JSON.parse(JSON.stringify(function(){})));
```

6．Math

Math 的属性包括 E、LN10、LN2、LOG2E、LOG10E、PI、SQRT1_2、SQRT2。具体使用规则，读者可参考 ES5 标准。

Math 的方法列表如表 4-37 所示。

表 4-37　Math 的方法列表

方　　法	说　　明
abs	返回数的绝对值
acos	返回 0 和 PI 对于 $x-1$ 和 1 之间弧度的数值
asin	返回一个数的反正弦值
atan	返回一个数的反正切值

续表

方　　法	说　　明
atan2	返回从 x 轴到点 (x,y) 之间的角度
ceil	对一个数进行上舍入
cos	返回一个数的余弦值
exp	返回 e 的 x 次幂的值
floor	对一个数进行下舍入
log	返回一个数的自然对数
max	返回两个指定的数字中带有较大值的数字
min	返回指定的数字中带有最低值的数字
pow	返回 x 的 y 次幂的值
random	返回介于 0～1 之间的一个随机数
round	把一个数字舍入为最接近的整数
sin	返回一个数的正弦值
sqrt	返回一个数的平方根
tan	返回一个表示某个角的正切的数字

 说　明

上述方法的具体使用规则，读者可参考 ES5 标准。

4.10.8　Esnext

SJS 支持部分 ES6 语法。

1．let & const

示例代码：

```
function test(){
 let a = 5;
 const c = 2;
 if (true) {
   let b = 6;
 }
 console.log(a);    // 5
 console.log(b);    // 引用错误：b 未定义
```

```
  console.log(c);        // 2
}
```

2. 箭头函数

示例代码:

```
const a = [1,2,3];
const double = x => x * 2; // 箭头函数
console.log(a.map(double));
var bob = {
  _name: "Bob",
  _friends: [],
  printFriends() {
    this._friends.forEach(f =>
      console.log(this._name + " knows " + f));
  }
};
console.log(bob.printFriends());
```

3. 更简洁的对象字面量

示例代码:

```
var handler = 1;
var obj = {
  handler,          // 对象属性
  toString() {      // 对象方法
return "string";
  },
};
```

🎓 注 意

对象字面量不支持 super 关键字,不能在对象方法中使用 super。

4. 模板字符串

示例代码:

```
const h = 'hello';
const msg = `${h} dingtalk`;
```

5. 解构赋值

示例代码：

```
// Array 解构赋值
var [a, ,b] = [1,2,3];
a === 1;
b === 3;
// 对象解构赋值
var { op: a, lhs: { op: b }, rhs: c }
    = getASTNode();
// 对象解构赋值简写
var {op, lhs, rhs} = getASTNode();
// 函数参数解构赋值
function g({name: x}) {
  console.log(x);
}
g({name: 5});
// 解构赋值 + 默认值
var [a = 1] = [];
a === 1;
// 函数参数：解构赋值 + 默认值
function r({x, y, w = 10, h = 10}) {
  return x + y + w + h;
}
r({x:1, y:2}) === 23;
```

6. Default + Rest + Spread

示例代码：

```
// 函数参数默认值
function f(x, y=12) {
  // 如果不给 y 传值，或者传值为 undefied，则 y 的值为 12
  return x + y;
}
f(3) == 15;
function f(x, ...y) {
  // y 是一个数组
  return x * y.length;
}
```

```
f(3, "hello", true) == 6;
function f(x, y, z) {
  return x + y + z;
}
f(...[1,2,3]) == 6;                         // 数组解构
const [a, ...b] = [1,2,3];                  // 数组解构赋值，b = [2, 3]
const {c, ...other} = {c: 1, d: 2, e: 3};   // 对象解构赋值，other = {d: 2, e: 3}
const d = {...other};                       // 对象解构
```

第 5 章

使用钉钉小程序组件

5.1 视图容器

本节将介绍钉钉小程序组件中的视图容器,包括 view(视图容器)、swiper(滑块视图容器)、scroll-view(可滚动视图容器)、movable-view(可移动视图容器)和 movable-area(可移动视图区域)。

5.1.1 view

view 是视图容器,相当于 Web 的 div 或者 react-native 的 View。

注 意

> 对于明确指定了框架最低版本的属性,开发者需通过 dd.canIUse 进行兼容性判断。

示例代码:

```
dd.canIUse('view.onTransitionEnd')
```

view 的属性列表如表 5-1 所示。

表 5-1　view 的属性列表

属　　性	类　　型	说　　明
disable-scroll	Boolean	是否阻止在区域内滚动页面。 默认值：false
hover-class	String	点击时添加的样式类
hover-start-time	Number	按住屏幕多久后出现点击状态，单位为 ms
hover-stay-time	Number	松开手指后点击状态的保留时间，单位为 ms
hidden	Boolean	是否隐藏。 默认值：false
class	String	外部样式
style	String	内联样式
animation	Object	用于设置动画，详见附录 A 中 dd.createAnimation 的相关描述
onTap	EventHandle	点击
onTouchStart	EventHandle	触摸动作开始
onTouchMove	EventHandle	触摸后移动
onTouchEnd	EventHandle	触摸动作结束
onTouchCancel	EventHandle	触摸动作被打断，如来电提醒、弹窗
onLongTap	EventHandle	长按 500ms 之后触发，触发了长按事件后进行移动将不会触发 屏幕的滚动
onTransitionEnd	EventHandle	过渡结束时触发。 版本：1.21.2 及以上
onAnimationIteration	EventHandle	每开启一次新的动画过程时触发（第一次不触发）。 版本：1.21.2 及以上
onAnimationStart	EventHandle	动画开始时触发。 版本：1.21.2 及以上
onAnimationEnd	EventHandle	动画结束时触发。 版本：1.21.2 及以上
onAppear	EventHandle	当前元素可见面积超过 50%时触发。 版本：1.21.2 及以上
onDisappear	EventHandle	当前元素不可见面积超过 50%时触发。 版本：1.21.2 及以上
onFirstAppear	EventHandle	当前元素首次可见面积达到 50%时触发。 版本：1.21.2 及以上

示例代码：

```
<view class="post">
  <!-- hidden -->
```

```
<view class="postUser" hidden>
  <view class="postUser__name">Jessie</view>
</view>
<!-- hover class -->
<view class="postBody" hover-class="red">
  <view class="postBody__content">
    赞!
  </view>
  <view class="postBody__date">
    June 1
  </view>
</view>
</view>
```

5.1.2　swiper

本节将从属性和示例代码两部分介绍 swiper。

1. 属性

swiper 的属性列表如表 5-2 所示。

表 5-2　swiper 的属性列表

属　　性	类　　型	说　　明
indicator-dots	Boolean	是否显示指示点。 默认值：false
indicator-color	Color	指示点颜色。 默认值：rgba(0, 0, 0, 0.3)
indicator-active-color	Color	当前选中的指示点颜色。 默认值：#000
autoplay	Boolean	是否自动切换。 默认值：false
current	Number	当前页面的 index。 默认值：0
duration	Number	滑动动画时长。 默认值：500（ms）
interval	Number	自动切换时间间隔。 默认值：5000（ms）

属　性	类　型	说　明
circular	Boolean	是否启用无限滑动。 默认值：false
vertical	Boolean	滑动方向是否为纵向。 默认值：false
onChange	Function	current 的值发生改变时触发。 默认值：否

2. 示例代码

swiper 的每一项都是一个 swiper-item，swiper-item 仅可放置在组件中，宽、高自动设置为 100%。

.axml 示例代码：

```
<!--page/component/swiper.axml-->
<view class="page">
  <view class="page-description">滑块视图容器</view>
  <view class="page-section">
    <view class="page-section-demo">
      <swiper
        style="height:150px"
        class="demo-swiper"
        previousMargin="10px"
        nextMargin="10px"
        indicator-dots="{{indicatorDots}}"
        autoplay="{{autoplay}}"
        vertical="{{vertical}}"
        interval="{{interval}}"
        circular="{{circular}}"
      >
        <block a:for="{{background}}">
          <swiper-item key="swiper-item-{{index}}">
            <view class="swiper-item bc_{{item}}"></view>
          </swiper-item>
        </block>
      </swiper>
      <view class="margin-t">
```

```
        <slider onChange="intervalChange" value="{{interval}}" show-value
min="500" max="2000"/>
        <view>interval</view>
    </view>
  </view>
  <view class="page-section-btns">
    <view onTap="changeIndicatorDots">indicator-dots</view>
    <view onTap="changeAutoplay">autoplay</view>
    <view onTap="changeVertical">vertical</view>
  </view>
  <view class="page-section-btns">
    <view onTap="changeCircular">circular</view>
  </view>
 </view>
</view>
```

.js 示例代码：

```
//page/component/swiper.js
Page({
 data: {
  background: ['blue', 'red', 'yellow'],
  indicatorDots: true,
  autoplay: false,
  vertical: false,
  interval: 1000,
  circular: false,
 },
 onLoad() {
 },
 changeIndicatorDots(e) {
  this.setData({
    indicatorDots: !this.data.indicatorDots,
  });
 },
 changeVertical() {
  this.setData({
    vertical: !this.data.vertical,
  });
 },
```

```
changeCircular(e) {
  this.setData({
    circular: !this.data.circular,
  });
},
changeAutoplay(e) {
  this.setData({
    autoplay: !this.data.autoplay,
  });
},
intervalChange(e) {
  this.setData({
    interval: e.detail.value,
  });
},
});
```

.json 示例代码：

```
//page/component/swiper.json
{
  "defaultTitle": "Swiper",
  "pullRefresh": false,
  "allowsBounceVertical": false
}
```

.acss 示例代码：

```
/* page/component/swiper.acss */
.swiper-item{
  display: block;
  height: 150px;
  margin:10px;
}
.margin-t {
  margin-top: 24px;
}
```

5.1.3　scroll-view

本节将从属性和示例代码两部分介绍 scroll-view。

1. 属性

scroll-view 的属性列表如表 5-3 所示。

表 5-3　scroll-view 的属性列表

属　　性	类　　型	说　　明
class	String	外部样式
style	String	内联样式
scroll-x	Boolean	是否允许横向滚动。 默认值：false
scroll-y	Boolean	是否允许纵向滚动。 默认值：false
upper-threshold	Number	距顶部/左边多少距离（单位为 px）时触发。 默认值：50
lower-threshold	Number	距底部/右边多少距离（单位为 px）时触发。 默认值：50
scroll-top	Number	纵向滚动条位置
scroll-left	Number	横向滚动条位置
scroll-into-view	String	滚动到子元素，值为某个子元素的 id，当滚动到该元素时，元素顶部对齐滚动区域顶部
scroll-with-animation	Boolean	是否在设置滚动条位置时使用动画过渡。 默认值：false
onScrollToUpper	EventHandle	滚动到顶部/左边时触发
onScrollToLower	EventHandle	滚动到底部/右边时触发
onScroll	EventHandle	滚动时触发

> 注意
>
> 使用纵向滚动时，需要设置一个固定高度，可通过 ACSS 设置 height。

- scroll-into-view 的优先级高于 scroll-top。
- 在 scroll-view 中滚动时会阻止页面回弹，所以在 scroll-view 中滚动是无法触发 onPullDownRefresh 事件的。

2. 示例代码

.axml 示例代码：

```
<!-- page/component/scroll-view.axml -->
```

```
<view class="page">
  <view class="page-description">可滚动视图容器</view>
  <view class="page-section">
    <view class="page-section-title">vertical scroll</view>
    <view class="page-section-demo">
      <scroll-view scroll-y="{{true}}" style="height: 200px;"
onScrollToUpper="upper" onScrollToLower="lower" onScroll="scroll"
scroll-into-view="{{toView}}" scroll-top="{{scrollTop}}">
        <view id="blue" class="scroll-view-item bc_blue"></view>
        <view id="red"  class="scroll-view-item bc_red"></view>
        <view id="yellow" class="scroll-view-item bc_yellow"></view>
        <view id="green" class="scroll-view-item bc_green"></view>
      </scroll-view>
    </view>
    <view class="page-section-btns">
      <view onTap="tap">next</view>
      <view onTap="tapMove">move</view>
      <view onTap="scrollToTop">scrollToTop</view>
    </view>
  </view>

  <view class="page-section">
    <view class="page-section-title">horizontal scroll</view>
    <view class="page-section-demo">
      <scroll-view class="scroll-view_H" scroll-x="{{true}}" style="width:
100%" >
        <view id="blue2" class="scroll-view-item_H bc_blue"></view>
        <view id="red2"  class="scroll-view-item_H bc_red"></view>
        <view id="yellow2" class="scroll-view-item_H bc_yellow"></view>
        <view id="green2" class="scroll-view-item_H bc_green"></view>
      </scroll-view>
    </view>
  </view>
</view>
```

.js 示例代码:

```
//page/component/scroll-view.js
const order = ['blue', 'red', 'green', 'yellow'];
```

```
Page({
  data: {
    toView: 'red',
    scrollTop: 100,
  },
  upper(e) {
    console.log(e);
  },
  lower(e) {
    console.log(e);
  },
  scroll(e) {
    this.setData({
      scrollTop: e.detail.scrollTop,
    });
  },
  scrollEnd() {

  },
  scrollToTop(e) {
    console.log(e);
    this.setData({
      scrollTop: 0,
    });
  },
  tap(e) {
    for (let i = 0; i < order.length; ++i) {
      if (order[i] === this.data.toView) {
        const next = (i + 1) % order.length;
        this.setData({
          toView: order[next],
          scrollTop: next * 200,
        });
        break;
      }
    }
  },
```

```
tapMove() {
  this.setData({
    scrollTop: this.data.scrollTop + 10,
  });
},
});
```

.json 示例代码：

```
// page/component/scroll-view.json
{
  "defaultTitle": "Scroll View"
}
```

.acss 示例代码：

```
/* page/component/scroll-view.acss */
.scroll-view_H {
  white-space: nowrap;
  display:flex;
}
.scroll-view-item {
  height: 200px;
}
.scroll-view-item_H {
  flex-shrink:0;
  flex-grow:0;
  width: 300px;
  height: 200px;
}
```

5.1.4　movable-view

movable-view 是可移动视图容器，在页面中可以拖曳滑动。movable-view 必须放在 movable-area 组件（后文会详细介绍）中，并且必须是其直接子节点，否则不能移动。

🎓 注 意

- movable-view 必须设置 width 和 height 属性，若不设置则默认值为 10px。
- movable-view 默认为绝对定位（请不要修改），top 和 left 的属性值为 0。

123

- 当 movable-view 区域小于 movable-area 时，movable-view 的移动范围在 movable-area 内；当 movable-view 区域大于 movable-area 时，movable-view 的移动范围必须包含 movable-area（x 轴方向和 y 轴方向分开考虑）。

1. 属性

movable-view 的属性列表如表 5-4 所示。

表 5-4　movable-view 的属性列表

属　　性	类　　型	说　　明
direction	String	movable-view 的移动方向，属性值有 all、vertical、horizontal、none。默认值：none
inertia	Boolean	movable-view 是否带有惯性。默认值：false。版本：1.20.0 及以上
out-of-bounds	Boolean	超过可移动区域后，movable-view 是否还可以移动。默认值：false。版本：1.20.0 及以上
x	Number	定义 x 轴方向的偏移量，会换算为 left 属性，如果 x 的值不在可移动范围内，会自动移动到可移动范围内。默认值：0
y	Number	定义 y 轴方向的偏移量，会换算为 top 属性，如果 y 的值不在可移动范围内，会自动移动到可移动范围内。默认值：0
damping	Number	阻尼系数，用于控制 x 或 y 的值发生改变时的动画和过界回弹的动画的移动速度，damping 值越大移动速度越快。默认值：20。版本：1.20.0 及以上
friction	Number	摩擦系数，用于控制惯性滑动的动画的摩擦力，friction 值越大，摩擦力越大，滑动停止得越快；该值必须大于 0，否则会被设置成默认值。默认值：2。版本：1.20.0 及以上
disabled	Boolean	是否禁用。默认值：false

续表

属　　性	类　　型	说　　明
scale	Boolean	是否支持双指缩放，默认缩放手势生效区域为 movable-view 内。 默认值：false。 版本：1.20.0 及以上
scale-min	Number	定义缩放倍数的最小值。 默认值：0.5。 版本：1.20.0 及以上
scale-max	Number	定义缩放倍数的最大值。 默认值：10。 版本：1.20.0 及以上
scale-value	Number	定义缩放倍数，取值范围为 0.5～10。 默认值：1。 版本：1.20.0 及以上
animation	Boolean	是否使用动画。 默认值：false。 版本：1.20.0 及以上
onTouchStart	EventHandle	触摸动作开始，事件会向父节点传递
catchTouchStart	EventHandle	触摸动作开始，事件仅作用于组件，不向父节点传递
onTouchMove	EventHandle	触摸后移动事件，事件会向父节点传递
catchTouchMove	EventHandle	触摸后移动事件，事件仅作用于组件，不向父节点传递
onTouchEnd	EventHandle	触摸动作结束，事件会向父节点传递
catchTouchEnd	EventHandle	触摸动作结束，事件仅作用于组件，不向父节点传递
onTouchCancel	EventHandle	触摸动作被打断，如来电提醒、弹窗
onChange	EventHandle	拖动过程中触发的事件，event.detail = {x: x, y: y, source: source}， 其中，source 表示产生移动的原因，返回值可为 touch（拖动）
onChangeEnd	EventHandle	拖动结束触发的事件，event.detail= {x: x, y: y}
onScale	EventHandle	缩放过程中触发的事件，event.detail = {x, y, scale}。 版本：1.20.0 及以上

onChange 的返回值为 detail.source。其中，source 字段表示产生移动的原因，其返回值列表如表 5-5 所示。

表 5-5　source 字段的返回值列表

返　回　值	说　　明
touch	拖动
touch-out-of-bounds	超出移动范围

返 回 值	说　　明
out-of-bounds	超出移动范围后的回弹
friction	惯性
空字符串	通过 setData 方法触发的组件变化

2. 示例代码

.axml 示例代码：

```
<! --page/component/movable-view.axml-->
<view class="page">
 <view class="page-description">可移动视图容器</view>
 <view class="page-section">
   <view class="page-section-title">movable-view 区域小于 movable-area</view>
   <view class="page-section-demo">
     <movable-area>
      <movable-view x="{{x}}" y="{{y}}"
direction="all">movable-view</movable-view>
     </movable-area>
   </view>
   <button style="margin-left: 10px; mrigin-right: 10px;" type="primary"
onTap="onButtonTap">点击移动到 (30px, 30px)</button>
 </view>
 <view class="page-section">
   <view class="page-section-title">movable-view 区域大于 movable-area</view>
   <view class="page-section-demo">
     <movable-area>
      <movable-view class="max" direction="all">movable-view</movable-view>
     </movable-area>
   </view>
 </view>
 <view class="page-section">
   <view class="page-section-title">只可以横向移动</view>
   <view class="page-section-demo">
    <movable-area>
      <movable-view direction="horizontal">
        movable-view
      </movable-view>
```

```
      </movable-area>
    </view>
  </view>
  <view class="page-section">
    <view class="page-section-title">只可以纵向移动</view>
    <view class="page-section-demo">
      <movable-area>
        <movable-view direction="vertical">
          movable-view
        </movable-view>
      </movable-area>
    </view>
  </view>
</view>
```

.js 示例代码：

```
// page/component/movable-view.js
Page({
  data: {
    x: 0,
    y: 0,
  },
  onButtonTap() {
    const { x, y } = this.data;
    if (x === 30) {
      this.setData({
        x: x + 1,
        y: y + 1,
      });
    } else {
      this.setData({
        x: 30,
        y: 30
      });
    }
  },
});
```

.json 示例代码：

```
// API-DEMO page/component/movable-view.json
{
  "allowsBounceVertical": "NO"
}
```

.acss 示例代码：

```
/*page/component/movable-view.acss */
movable-area {
  height: 400rpx;
  width: 400rpx;
  margin: 50rpx 0rpx 0 50rpx;
  background-color: #ccc;
  overflow: hidden;
}

movable-view {
  display: flex;
  align-items: center;
  justify-content: center;
  height: 200rpx;
  width: 200rpx;
  background: #108ee9;
  color: #fff;
}

.max {
  width: 600rpx;
  height: 600rpx;
}
```

5.1.5　movable-area

movable-area 是 movable-view 的可移动视图区域。movable-area 必须设置 width 和 height 属性，若不设置则其值默认为 10px。

1. 属性

movable-area 的属性如表 5-6 所示。

表 5-6　movable-area 的属性

属　性	类　型	说　明
scale-area	Boolean	当 movable-view 设置为支持双指缩放时，设置此值可将缩放手势生效区域修改为整个 movable-area。 默认值：false。 版本：1.12.0 及以上

2．示例代码

.axml 示例代码：

```
<!-- page/component/movable-area.axml -->
<view class="page">
 <view class="page-description">可移动视图区域</view>
 <view class="page-section">
   <view class="page-section-title">movable-view 区域小于 movable-area</view>
   <view class="page-section-demo">
     <movable-area>
       <movable-view x="{{x}}" y="{{y}}"
direction="all">movable-view</movable-view>
     </movable-area>
   </view>
   <button style="margin-left: 10px; mrigin-right: 10px;" type="primary"
onTap="onButtonTap">点击移动到 (30px, 30px)</button>
 </view>
 <view class="page-section">
   <view class="page-section-title">movable-view 区域大于 movable-area</view>
   <view class="page-section-demo">
     <movable-area>
       <movable-view class="max" direction="all">movable-view</movable-view>
     </movable-area>
   </view>
 </view>
 <view class="page-section">
   <view class="page-section-title">只可以横向移动</view>
   <view class="page-section-demo">
    <movable-area>
      <movable-view direction="horizontal">
        movable-view
      </movable-view>
```

```
    </movable-area>
  </view>
</view>
<view class="page-section">
  <view class="page-section-title">只可以纵向移动</view>
  <view class="page-section-demo">
   <movable-area>
     <movable-view direction="vertical">
       movable-view
     </movable-view>
    </movable-area>
  </view>
</view>
</view>
```

.js 示例代码：

```
// page/component/movable-area.js
Page({
  data: {
    x: 0,
    y: 0,
  },
  onButtonTap() {
    const { x, y } = this.data;
    if (x === 30) {
      this.setData({
        x: x + 1,
        y: y + 1,
      });
    } else {
      this.setData({
        x: 30,
        y: 30
      });
    }
  },
});
```

.json 示例代码：

```
// page/component/movable-area.json
{
  "allowsBounceVertical": "NO"
}
```

.acss 示例代码：

```
/* page/component/movable-area.acss */
movable-area {
  height: 400rpx;
  width: 400rpx;
  margin: 50rpx 0rpx 0 50rpx;
  background-color: #ccc;
  overflow: hidden;
}

movable-view {
  display: flex;
  align-items: center;
  justify-content: center;
  height: 200rpx;
  width: 200rpx;
  background: #108ee9;
  color: #fff;
}
.max {
  width: 600rpx;
  height: 600rpx;
}
```

5.2 基础内容

本节将介绍钉钉小程序组件中的基础内容，包括 text（文本）、icon（图标）、progress（进度条）和 rich-text（富文本）。

5.2.1　text

text 组件内只支持<text/>嵌套。

1. 属性

text 的属性列表如表 5-7 所示。

表 5-7　text 的属性列表

属　　性	类　　型	说　　明
selectable	Boolean	是否可选。 默认值：false
class	String	外部样式
style	String	内联样式

2. 示例代码

.axml 示例代码：

```
<view class="page">
  <view class="text-view">
    <text>{{text}}</text>
  </view>
</view>
```

.js 示例代码：

```
Page({
  data: {
    text: `钉钉是一种工作方式。
    酷公司，用钉钉。\n\n:)
    `,
  },
})
```

5.2.2　icon

本节将从属性和示例代码两部分介绍 icon 组件。

1. 属性

icon 的属性列表如表 5-8 所示。

表 5-8 icon 的属性列表

属　　性	类　　型	说　　明
type	String	icon 的类型，有效值： info、warn、waiting、cancel、download、search、clear、success、success_no_circle
size	Number	icon 的大小，单位为 px。 默认值：23
color	Color	icon 的颜色，同 CSS 的 color

2．示例代码

.axml 示例代码：

```
<!--page/component/icon.axml-->
<view class="page">
 <view class="page-description">图标</view>
 <view class="page-section">
  <view class="page-section-title">Type</view>
  <view class="page-section-demo icon-list">
   <block a:for="{{iconType}}">
    <view class="item">
     <icon type="{{item}}" size="45"/>
     <text>{{item}}</text>
    </view>
   </block>
  </view>
 </view>

 <view class="page-section">
  <view class="page-section-title">Size</view>
  <view class="page-section-demo icon-list">
   <block a:for="{{iconSize}}">
    <view class="item">
     <icon type="success" size="{{item}}"/>
     <text>{{item}}</text>
    </view>
   </block>
  </view>
 </view>
</view>
```

```
<view class="page-section">
  <view class="page-section-title">Color</view>
  <view class="page-section-demo icon-list">
    <block a:for="{{iconColor}}">
      <view class="item">
        <icon type="success" size="45" color="{{item}}"/>
        <text style="color:{{item}}">{{item}}</text>
      </view>
    </block>
  </view>
</view>
</view>
```

.js 示例代码：

```
//page/component/icon.js
Page({
  data: {
    iconSize: [20, 30, 40, 50, 60],
    iconColor: [
      'red', 'yellow', 'blue', 'green',
    ],
    iconType: [
      'success',
      'info',
      'warn',
      'waiting',
      'clear',
      'success_no_circle',
      'download',
      'cancel',
      'search',
    ],
  },
});
```

.acss 示例代码：

```
/*page/component/icon.acss*/
.icon-list {
  display: -webkit-flex;
```

```
 display: flex;
 -webkit-flex-wrap: wrap;
 flex-wrap: wrap;
}

.item {
 display: -webkit-flex;
 display: flex;
 flex-direction: column;
 -webkit-flex-direction: column;
 margin-bottom: 10px;
 margin-right: 10px;
 align-items: center;
 -webkit-align-items: center;
}
```

5.2.3　progress

本节将从属性和示例代码两部分介绍 progress 组件。

1．属性

progress 的属性列表如表 5-9 所示。

表 5-9　progress 的属性列表

属　　性	类　　型	说　　明
percent	Float	百分比（0～100%）
show-info	Boolean	在右侧显示百分比值。 默认值：false
stroke-width	Number	线的粗细，单位为 px。 默认值：6
active-Color	Color	已选择的进度条颜色。 默认值：#09BB07
backgroundColor	Color	未选择的进度条颜色
active	Boolean	从左往右是否加载动画。 默认值：false

2. 示例代码

.axml 示例代码：

```
<!--page/component/progress.axml -->
<view class="page">
 <view class="page-description">进度条</view>
 <view class="page-section">
  <view class="page-section-demo">
   <progress percent="20" show-info/>
   <progress percent="40" active/>
   <progress percent="60" stroke-width="10"/>
   <progress percent="80" active-Color="#6abf47" backgroundColor="#f4333c" />
  </view>
 </view>
</view>
```

.acss 示例代码：

```
/*page/component/progress.acss*/
progress{
 margin-bottom: 60rpx;
}
```

5.2.4 rich-text

本节将从属性和示例代码两部分介绍 rich-text 组件。rich-text 组件支持的事件包括 tap、touchstart、touchmove、touchcancel、touchend。

用户可使用 dd.canIUse 进行可用性判断。

1. 属性

rich-text 的属性如表 5-10 所示。

表 5-10　rich-text 的属性

属　性	类　型	说　明
nodes	Array	节点列表。nodes 属性只支持 Array 类型。如果想要支持 HTML String 类型，则用户需要自己将 HTML String 转换为 nodes 数组，可使用 mini-html-parser 进行转换。 默认值：[]

nodes 属性目前支持两种节点类型，即元素节点和文本节点，通过 type 来区分。nodes 属性默认支持元素节点，即在富文本区域里显示的 HTML 节点。

元素节点的属性列表如表 5-11 所示。

表 5-11　元素节点的属性列表

属　　性	类　　型	是 否 必 填	说　　　明
type	String	否	节点类型。 默认值：node
name	String	是	标签名，支持部分受信任的 HTML 节点
attrs	Object	否	属性，支持部分受信任的属性，遵循 Pascal 命名法
children	Array	否	子节点列表，结构和 nodes 属性相同

表 5-12 列举了受信任的 HTML 节点及 rich-text 额外支持的属性。rich-text 支持 class 和 style 属性，不支持 id 属性。

表 5-12　受信任的 HTML 节点及 rich-text 额外支持的属性

节　　点	额外支持的属性
a	—
abbr	—
b	—
blockquote	—
br	—
code	—
col	span，width
colgroup	span，width
dd	—
del	—
div	—
dl	—
dt	—
em	—
fieldset	—
h1	—
h2	—
h3	—
h4	—

节　　点	额外支持的属性
h5	—
h6	—
hr	—
i	—
img	alt，src，height，width
ins	—
label	—
legend	—
li	—
ol	start，type
p	—
q	—
strong	—
sub	—
sup	—
table	width
tbody	—
td	colspan，height，rowspan，width
tfoot	——
th	colspan，height，rowspan，width
thead	—
tr	—
ul	—

表 5-13 列举了 rich-text 支持的字符实体，使用其他字符实体会导致组件无法渲染。

表 5-13　rich-text 支持的字符实体

显 示 结 果	说　　明	实 体 名 称
	空格	
<	小于号	&lt;
>	大于号	&gt;
&	和号	&amp;
"	引号	&quot;
'	撇号	&apos;

文本节点的属性列表如表 5-14 所示。

表 5-14　文本节点的属性列表

属　　性	类　　型	是 否 必 填	说　　明
type	String	是	节点类型，type 的值为 text
text	String	是	文本

2. 示例代码

.axml 示例代码：

```
<!--page/component/rich-text.axml-->
<view>
  <rich-text nodes="{{nodes}}" onTap="tap"></rich-text>
</view>
```

.js 示例代码：

```
// page/component/rich-text.js
Page({
  data: {
    nodes: [{
      name: 'div',
      attrs: {
        class: 'wrapper',
        style: 'color: orange;',
      },
      children: [{
        type: 'text',
        text: 'Hello World!',
      }],
    }],
  },
  tap() {
    console.log('tap');
  },
});
```

.acss 示例代码：

```
/* page/component/rich-text.acss */
.wrapper {
```

```
    padding: 20rpx;
}
```

5.3 表单

本节将介绍钉钉小程序组件中的表单内容，包括 form（表单）、button（按钮）、label（标签）、input（输入框）、textarea（多行输入框）、radio（单选按钮）等。

5.3.1 form

表单用于提交组件内的 textarea、switch、input、checkbox-group、slider、radio-group、picker 等组件。

当点击 form 表单中 formType 值为 submit 的 button 组件时，系统会将表单组件中的 value 值进行提交，这时需要在表单组件中添加 name 来作为 key。

1. 属性

form 的属性列表如表 5-15 所示。

表 5-15 form 的属性列表

属　　性	类　　型	说　　明
onSubmit	EventHandle	携带 form 中的数据触发 submit 事件，event.detail = {value : {'name': 'value'}}
onReset	EventHandle	表单重置时会触发 reset 事件
class	String	外部样式
style	String	内联样式

2. 示例代码

.axml 示例代码：

```
<!-- page/component/form/form.axml -->
<view class="page">
 <view class="page-description">表单</view>
 <form onSubmit="onSubmit" onReset="onReset">
  <view class="page-section">
    <view class="page-section-title">Slider</view>
    <view class="page-section-demo">
     <slider value="80" name="slider" show-value />
    </view>
```

```
    </view>
    <view class="page-section">
      <view class="form-row">
        <view class="form-row-label">Switch</view>
        <view class="form-row-content" style="text-align: right">
          <switch name="switch" />
        </view>
      </view>
      <view class="form-line" />
      <view class="form-row">
        <view class="form-row-label">Input</view>
        <view class="form-row-content">
          <input name="input" class="input" placeholder="input something" />
        </view>
      </view>
    </view>
    <view class="page-section">
      <view class="page-section-title">Radio</view>
      <view class="page-section-demo">
        <radio-group name="radio-group">
          <label><radio value="radio1" />radio1</label>
          <label><radio value="radio2" />radio2</label>
        </radio-group>
      </view>
    </view>
    <view class="page-section">
      <view class="page-section-title">Checkbox</view>
      <view class="page-section-demo">
        <checkbox-group name="checkbox">
          <label><checkbox value="checkbox1" />checkbox1</label>
          <label><checkbox value="checkbox2" />checkbox2</label>
        </checkbox-group>
      </view>
      <view class="page-section-btns">
        <view><button type="ghost" size="mini" formType="reset">Reset</button>
</view>
        <view><button type="primary" size="mini" data-id="121" formType=
"submit">Submit</button></view>
```

```
        </view>
      </view>
    </form>
</view>
```

.js 示例代码:

```
//page/component/form/form.js
Page({
  formSubmit: function(e) {
    console.log('form 触发了 submit 事件, 携带数据为: ', e.detail.value)
  },
  formReset: function() {
    console.log('form 触发了 reset 事件')
  }
})
```

.acss 示例代码:

```
/*page/component/form/form.acss */
button + button {
  margin-top: 32rpx;
}
```

5.3.2　button

本节将从属性和示例代码两部分介绍 button 组件。

1. 属性

button 的属性列表如表 5-16 所示。

表 5-16　button 的属性列表

属　　性	类　　型	说　　明
size	String	按钮尺寸。 有效值: default、mini。 默认值: default
open-type	String	开放能力, 有效值为 share, 用于触发自定义分享, 可使用 dd.canIUse ('button.open- type.share')判断该属性是否可用
type	String	按钮的样式类型, 有效值: primary、default、warn。 默认值: default

续表

属　性	类　型	说　明
plain	Boolean	是否镂空。 默认值：false
disabled	Boolean	是否禁用。 默认值：false
loading	Boolean	按钮文字前是否带 loading 图标。 默认值：false
onTap	EventHandle	点击
form-type	String	有效值包括 submit、reset，用于表单组件，被点击后分别会触发 submit/reset 事件
hover-class	String	按钮被点击后的样式类。hover-class="none" 时表示没有点击效果。 默认值：button-hover
hover-start-time	Number	点击多长时间后出现点击状态，单位为 ms。 默认值：20
hover-stay-time	Number	手指松开后点击状态保留的时间，单位为 ms。 默认值：70

🎓 注　意

button-hover 默认为 {background-color:rgba(0,0,0,0.1);opacity:0.7;}。

2. 示例代码

.axml 示例代码：

```
<!--pages/component/button.axml-->
<view class="page">
 <view class="page-description">按钮</view>
 <view class="page-section">
   <view class="page-section-title">type-primary/ghost</view>
   <view class="page-section-demo">
     <button type="primary">主要操作 Normal</button>
     <button type="primary" loading>操作</button>
     <button type="primary" disabled>主要操作 Disable</button>
     <button type="ghost">ghost 操作</button>
     <button type="ghost" loading>ghost 操作</button>
     <button type="ghost" disabled>ghost 操作 Disable</button>
```

```
    </view>
  </view>
  <view class="page-section">
    <view class="page-section-title">type-default</view>
    <view class="page-section-demo">
      <button data-aspm-click="xxx">辅助操作 Normal</button>
      <button disabled>辅助操作 Disable</button>
    </view>
  </view>
  <view class="page-section">
    <view class="page-section-title">type-warn</view>
    <view class="page-section-demo">
      <button type="warn">警告类操作 Normal</button>
      <button type="warn" disabled>警告类操作 Disable</button>
      <button type="warn" hover-class="red">hover-red</button>
    </view>
  </view>
  <view class="page-section">
    <view class="page-section-title">Size</view>
    <view class="page-section-demo">
      <button size="mini" loading>提交</button>
      <button style="margin-left: 10px;" type="primary" size="mini">选项
</button>
    </view>
  </view>
  <view class="page-section">
    <view class="page-section-title">open</view>
    <view class="page-section-demo">
      <button open-type="share">share</button>
    </view>
  </view>
  <view class="page-section">
    <view class="page-section-title">Form</view>
    <view class="page-section-demo">
      <form onSubmit="onSubmit" onReset="onReset">
        <button form-type="submit" type="primary">submit</button>
        <button form-type="reset">reset</button>
      </form>
```

```
  </view>
 </view>
</view>
```

.js 示例代码：

```
//pages/component/button.js
Page({
  data: {},
  onSubmit() {
    my.alert({ title: 'You click submit' });
  },
  onReset() {
    my.alert({ title: 'You click reset' });
  },
});
```

.acss 示例代码：

```
/*pages/component/button.acss*/
.red {
  background-color: red;
  border-color: red;
  color: #fff;
}


button + button {
  margin-top: 32rpx;
}
```

5.3.3　label

label 可以用来改进表单组件的可用性，使用 for 属性找到对应组件的 id，或者将组件放在该标签下，当用户点击时，就会聚焦对应的组件。

for 的优先级高于内部组件，当内部有多个组件时，默认触发第一个组件。

label 目前可以绑定的组件有 checkbox、radio、input、textarea。

1. 属性

label 的属性列表如表 5-17 所示。

表 5-17 label 的属性列表

属　　性	类　　型	说　　明
for	String	绑定组件的 id
class	String	外部样式
style	String	内联样式

2．示例代码

.axml 示例代码：

```
<!--page/component/label/label.axml -->
<view class="page">
 <view class="page-section">
   <view class="page-section-title">Checkbox</view>
   <view class="page-section-demo">
     <checkbox-group>
       <view>
         <label>
           <checkbox value="AngularJS" />
           <text> AngularJS</text>
         </label>
       </view>
       <view>
         <label>
           <checkbox value="React" />
           <text> React</text>
         </label>
       </view>
     </checkbox-group>
   </view>
 </view>

 <view class="page-section">
   <view class="page-section-title">Radio</view>
   <view class="page-section-demo">
     <radio-group>
       <view>
         <radio id="AngularJS" value="AngularJS" />
```

```
        <label for="AngularJS">AngularJS</label>
      </view>
      <view>
        <radio id="React" value="React" />
        <label for="React">React</label>
      </view>
    </radio-group>
  </view>
</view>

<view class="page-section">
  <view class="page-section-title">多个 Checkbox 只选中一个</view>
  <view class="page-section-demo">
    <label>
      <checkbox>选中我</checkbox>
      <checkbox>选不中</checkbox>
      <checkbox>选不中</checkbox>
      <checkbox>选不中</checkbox>
      <view>
        <text>Click Me</text>
      </view>
    </label>
  </view>
</view>
</view>
```

.acss 示例代码

```
/*page/component/label/label.acss */
checkbox-group > view,
radio-group > view {
  margin-bottom: 12rpx;
}
```

5.3.4　input

本节将从属性和示例代码两部分介绍 input 组件。

147

1．属性

input 的属性列表如表 5-18 所示。

表 5-18　input 的属性列表

属　　性	类　　型	说　　明
value	String	初始内容
name	String	组件名字，用于表单提交时获取数据
class	String	外部样式
style	String	内联样式
type	String	输入框的类型，有效值：text、search。 默认值：text
password	Boolean	是否是密码类型。 默认值：false
placeholder	String	占位符
disabled	Boolean	是否禁用。 默认值：false
maxlength	Number	输入内容的最大长度。 默认值：140
onInput	EventHandle	键盘输入时触发，event.detail = {value: value}
onConfirm	EventHandle	点击动作完成时触发，event.detail = {value: value}
onFocus	EventHandle	聚焦时触发，event.detail = {value: value}
onBlur	EventHandle	失去焦点时触发，event.detail = {value: value}

2．示例代码

.axml 示例代码：

```
<!--page/component/input/input.axml-->
<view class="page">
  <view class="page-description">输入框</view>
  <view class="page-section">
    <view class="form-row">
      <view class="form-row-label">受控聚焦</view>
      <view class="form-row-content">
        <input class="input" focus="{{focus}}" onFocus="onFocus" onBlur=
"onBlur" placeholder="input something" />
      </view>
    </view>
    <view class="page-section-btns">
```

```
    <button size="mini" onTap="bindButtonTap">聚焦</button>
  </view>
</view>
<view class="page-section">
  <view class="form-row">
    <view class="form-row-label"><label for="controlled">显示输入
</label></view>
    <view class="form-row-content">
      <input class="input" id="controlled" onInput="bindKeyInput"
placeholder="show input content" />
    </view>
  </view>
  <view class="extra-info">你输入的是：{{inputValue}}</view>
</view>
<view class="page-section">
  <view class="form-row">
    <view class="form-row-label">最大长度</view>
    <view class="form-row-content">
      <input class="input" maxlength="10" placeholder="maxlength 10" />
    </view>
  </view>
  <view class="form-line" />
  <view class="form-row">
    <view class="form-row-label">收起键盘</view>
    <view class="form-row-content">
      <input class="input" onInput="bindHideKeyboard" placeholder="输入 123 自
动收起键盘" />
    </view>
  </view>
  <view class="form-line" />
  <view class="form-row">
    <view class="form-row-label">输入密码</view>
    <view class="form-row-content">
      <input class="input" password type="text" placeholder="密码输入框" />
    </view>
  </view>
  <view class="form-line" />
  <view class="form-row">
```

```
    <view class="form-row-label">输入数字</view>
    <view class="form-row-content">
      <input class="input" type="number" placeholder="数字输入框" />
    </view>
  </view>
  <view class="form-line" />
  <view class="form-row">
    <view class="form-row-label">小数点键盘</view>
    <view class="form-row-content">
      <input class="input" type="digit" placeholder="带小数点的数字键盘" />
    </view>
  </view>
  <view class="form-line" />
  <view class="form-row">
    <view class="form-row-label">身份证键盘</view>
    <view class="form-row-content">
      <input class="input" type="idcard" placeholder="身份证输入键盘" />
    </view>
  </view>
</view>
<view class="page-section">
  <view class="page-section-title">搜索框</view>
  <view class="page-section-demo">
    <view class="search-outer">
      <input
        class="search-input"
        placeholder="搜索"
        value="{{search}}"
        onConfirm="doneSearch"
        onInput="handleSearch"
      />
      <text class="search-cancel" onTap="clearSearch">取消</text>
    </view>
  </view>
</view>
</view>
```

.js 示例代码：

```
//page/component/input/input.js
```

```
Page({
  data: {
    focus: false,
    inputValue: '',
  },
  bindButtonTap() {
    // blur 事件和 bindButtonTap 冲突
    setTimeout(() => {
      this.onFocus();
    }, 100);
  },
  onFocus() {
    this.setData({
      focus: true,
    });
  },
  onBlur() {
    this.setData({
      focus: false,
    });
  },
  bindKeyInput(e) {
    this.setData({
      inputValue: e.detail.value,
    });
  },
  bindHideKeyboard(e) {
    if (e.detail.value === '123') {
      // 收起键盘
      my.hideKeyboard();
    }
  },
  handleSearch(e) {
    console.log('search', e.detail.value);
    this.setData({
      search: e.detail.value,
    });
  },
```

```
  doneSearch() {
    console.log('doneSearch', this.data.search);
    my.hideKeyboard();
  },
  clearSearch() {
    console.log('clear search', this.data.search);
    this.setData({
      search: '',
    });
  },
});
```

.acss 示例代码：

```
/*page/component/input/input.acss */
.extra-info {
  border-top: 1px solid #ddd;
  margin-left: 30rpx;
  padding: 20rpx 0;
  overflow: auto;
}
.search-outer {
  box-sizing: border-box;
  display:flex;
  height:40px;
  overflow:hidden;
  padding: 8px;
  border-bottom: 1px solid #ddd;
  background-color: #efeff4;
}
.search-outer * {
  box-sizing: border-box;
}
.search-input {
  flex:1;
  text-align: left;
  display: block;
  color: #000;
  height: 24px;
```

```
  font-size: 15px;
  background-color: #fff;
  border-color: transparent;
}
.search-input:focus + .search-cancel {
  margin-right:0;
  opacity: 1;
}
.search-cancel {
  margin-right:-40px;
  display: inline-block;
  opacity: 0;
  padding-left: 8px;
  height: 24px;
  line-height: 24px;
  font-size: 16px;
  color: #108ee9;
  text-align: right;
  transition: margin-right .3s,opacity .3s;
  transition-delay: .1s;
}
```

5.3.5 textarea

用户可在多行输入框（textarea）中输入多行内容。本节将从属性和示例代码两部分介绍 textarea 组件。

1. 属性

textarea 的属性列表如表 5-19 所示。

表 5-19 textarea 的属性列表

属　　性	类　　型	说　　明
name	String	组件名字，用于表单提交时获取数据
value	String	初始内容
placeholder	String	占位符
class	String	外部样式
style	String	内联样式

属　　性	类　　型	说　　明
disabled	Boolean	是否禁用。 默认值：false
maxlength	Number	输入内容的最大长度，当将该值设置为-1时不限制最大长度。 默认值：140
focus	Boolean	是否获取焦点。 默认值：false
auto-height	Boolean	是否自动增高。 默认值：false
onInput	EventHandle	键盘输入时触发，event.detail = {value: value}
onFocus	EventHandle	输入框聚焦时触发，event.detail = {value: value}
onBlur	EventHandle	输入框失去焦点时触发，event.detail = {value: value}
onConfirm	EventHandle	点击动作完成时触发，event.detail = {value: value}

2. 示例代码

.axml 示例代码：

```
<!--page/component/textarea/textarea.axml -->
<view class="page">
 <view class="page-description">多行输入框</view>
 <view class="page-section">
  <view class="page-section-title">受控聚焦</view>
  <view class="page-section-demo">
   <textarea focus="{{focus}}" onFocus="onFocus" onBlur="onBlur"
placeholder="Please input something" />
  </view>
  <view class="page-section-btns">
   <button type="default" size="mini" onTap="bindButtonTap">聚焦</button>
  </view>
 </view>
 <view class="page-section">
  <view class="page-section-title">自适应高度</view>
  <view class="page-section-demo">
   <textarea onBlur="bindTextAreaBlur" auto-height placeholder="Please input
something" />
  </view>
 </view>
```

```
<view class="page-section">
  <view class="page-section-title">结合表单</view>
  <form onSubmit="bindFormSubmit">
    <view class="page-section-demo">
      <textarea name="textarea" placeholder="Please input something" />
    </view>
    <view class="page-section-btns">
      <button form-type="submit" size="mini" type="primary">提交</button>
    </view>
  </form>
</view>
</view>
```

.js 示例代码:

```
//page/component/textarea/textarea.js
Page({
  data: {
    height: 20,
    focus: false,
  },
  bindButtonTap() {
    this.onFocus();
  },
  onFocus() {
    this.setData({
      focus: true,
    });
  },
  onBlur() {
    this.setData({
      focus: false,
    });
  },

  bindTextAreaBlur(e) {
    console.log(e.detail.value);
  },
  bindFormSubmit(e) {
    my.alert({
```

```
    content: e.detail.value.textarea,
  });
 },
}
);
```

5.3.6　radio

本节将从属性和示例代码两部分介绍 radio 组件。

1．属性

radio 的属性列表如表 5-20 所示。

表 5-20　radio 的属性列表

属　　性	类　　型	说　　明
value	String	组件值，选中 radio 时 change 事件携带的 value
checked	Boolean	当前是否被选中。 默认值：false
disabled	Boolean	是否禁用。 默认值：false

2．示例代码

.axml 示例代码：

```
<!--page/component/radio/radio.axml -->
<view class="page">
  <view class="page-description">单选按钮</view>
  <view class="page-section">
   <view class="section section_gap">
    <form onSubmit="onSubmit" onReset="onReset">
     <view class="page-section-demo">
      <radio-group class="radio-group" onChange="radioChange" name="lib">
       <label class="radio" a:for="{{items}}" key="label-{{index}}">
        <radio value="{{item.name}}" checked="{{item.checked}}" disabled=
"{{item.disabled}}" />
        <text class="radio-text">{{item.value}}</text>
       </label>
      </radio-group>
     </view>
```

```
    <view class="page-section-btns">
      <view><button size="mini" type="ghost"
formType="reset">reset</button></view>
      <view><button size="mini" type="primary"
formType="submit">submit</button></view>
    </view>
  </form>
  </view>
  </view>
</view>
```

.js 示例代码:

```
// page/component/radio/radio.js
Page({
  data: {
    items: [
      { name: 'angular', value: 'AngularJS' },
      { name: 'react', value: 'React', checked: true },
      { name: 'polymer', value: 'Polymer' },
      { name: 'vue', value: 'Vue.js' },
      { name: 'ember', value: 'Ember.js' },
      { name: 'backbone', value: 'Backbone.js', disabled: true },
    ],
  },
  onSubmit(e) {
    my.alert({
      content: e.detail.value.lib,
    });
    console.log('onSubmit', e.detail);
  },
  onReset(e) {
    console.log('onReset', e);
  },
  radioChange(e) {
    console.log('你选择的框架是: ', e.detail.value);
  },
});
```

.acss 示例代码：

```
/*page/component/radio/radio.acss */
.radio {
 display: block;
 margin-bottom: 20rpx;
}
.radio-text {
 line-height: 1.8;
}
```

5.3.7 radio-group

radio-group（单选项目组）的内部由多个 radio 组成。

1．属性

radio-group 的属性列表如表 5-21 所示。

表 5-21 radio-group 的属性列表

属　　性	类　　型	说　　明
onChange	EventHandle	选中项发生变化时触发，event.detail = {value: 选中项 radio 的 value}
name	String	组件名字，用于表单提交时获取数据

2．示例代码

.axml 示例代码：

```
<!--page/component/radio/radio-group.axml -->
<view class="page">
 <view class="page-description">单选项目组</view>
 <view class="page-section">
  <view class="section section_gap">
   <form onSubmit="onSubmit" onReset="onReset">
    <view class="page-section-demo">
     <radio-group class="radio-group" onChange="radioChange" name="lib">
      <label class="radio" a:for="{{items}}" key="label-{{index}}">
       <radio value="{{item.name}}" checked="{{item.checked}}" disabled=
"{{item.disabled}}" />
       <text class="radio-text">{{item.value}}</text>
      </label>
     </radio-group>
```

```
      </view>
      <view class="page-section-btns">
        <view><button size="mini" type="ghost"
formType="reset">reset</button></view>
        <view><button size="mini" type="primary"
formType="submit">submit</button></view>
      </view>
    </form>
  </view>
</view>
</view>
```

.js 示例代码：

```
// page/component/radio/radio-group.js
Page({
  data: {
    items: [
      { name: 'angular', value: 'AngularJS' },
      { name: 'react', value: 'React', checked: true },
      { name: 'polymer', value: 'Polymer' },
      { name: 'vue', value: 'Vue.js' },
      { name: 'ember', value: 'Ember.js' },
      { name: 'backbone', value: 'Backbone.js', disabled: true },
    ],
  },
  onSubmit(e) {
    my.alert({
      content: e.detail.value.lib,
    });
    console.log('onSubmit', e.detail);
  },
  onReset(e) {
    console.log('onReset', e);
  },
  radioChange(e) {
    console.log('你选择的框架是: ', e.detail.value);
  },
});
```

.acss 示例代码：

```
/*page/component/radio/radio-group.acss */
.radio {
 display: block;
 margin-bottom: 20rpx;
}
.radio-text {
 line-height: 1.8;
}
```

5.3.8　checkbox

checkbox 表示复选框。

1．属性

checkbox 的属性列表如表 5-22 所示。

表 5-22　checkbox 的属性列表

属　　性	类　　型	说　　明
value	String	组件值，选中 checkbox 中的选项时 change 事件携带的 value
checked	Boolean	当前是否被选中，可用来设置默认选中项。 默认值：false
disabled	Boolean	是否禁用。 默认值：false
onChange	EventHandle	组件发生改变时触发，detail = {value: 该 checkbox 的属性值是否为 checked}

2．示例代码

.axml 示例代码：

```
<!-- page/component/checkbox/checkbox.axml -->
<view class="page">
  <view class="page-description">复选框</view>
  <form onSubmit="onSubmit" onReset="onReset">
    <view class="page-section">
      <view class="page-section-title">选择你用过的框架：</view>
      <view class="page-section-demo">
        <checkbox-group onChange="onChange" name="libs">
          <label class="checkbox" a:for="{{items}}" key="label-{{index}}">
```

```
          <checkbox value="{{item.name}}" checked="{{item.checked}}"
disabled="{{item.disabled}}" />
          <text class="checkbox-text">{{item.value}}</text>
        </label>
      </checkbox-group>
    </view>
    <view class="page-section-btns">
      <view><button type="ghost" size="mini" formType="reset">reset</button>
</view>
      <view><button type="primary" size="mini" formType="submit">submit
</button></view>
    </view>
  </view>
  </form>
</view>
```

.js 示例代码：

```
//  page/component/checkbox/checkbox.js
Page({
  data: {
    items: [
      { name: 'angular', value: 'AngularJS' },
      { name: 'react', value: 'React', checked: true },
      { name: 'polymer', value: 'Polymer' },
      { name: 'vue', value: 'Vue.js' },
      { name: 'ember', value: 'Ember.js' },
      { name: 'backbone', value: 'Backbone.js', disabled: true },
    ],
  },
  onSubmit(e) {
    console.log('onSubmit', e);
    my.alert({
      content: `你选择的框架是 ${e.detail.value.libs.join(', ')}`,
    });
  },
  onReset(e) {
    console.log('onReset', e);
  },
  onChange(e) {
```

```
    console.log(e);
  },
});
```

.acss 示例代码：

```
/*page/component/checkbox/checkbox.acss */
.checkbox {
  display: block;
  margin-bottom: 20rpx;
}

button + button {
  margin-top: 32rpx;
}

.checkbox-text {
  font-size:34rpx;
  line-height: 1.2;
}
```

5.3.9　checkbox-group

本节将从属性和示例代码两部分介绍 checkbox-group（多项选择器）组件。

1. 属性

checkbox-group 的属性列表如表 5-23 所示。

表 5-23　checkbox-group 的属性列表

属　　性	类　　型	说　　明
name	String	组件名字，用于表单提交时获取数据
onChange	EventHandle	选中项发生改变时触发，detail = {value：选中的 checkbox 项的 value 值}

2. 示例代码

.axml 示例代码：

```
<!-- page/component/checkbox/checkbox-group.axml -->
<view class="page">
  <view class="page-description">多项选择器</view>
  <form onSubmit="onSubmit" onReset="onReset">
    <view class="page-section">
```

```
    <view class="page-section-title">选择你用过的框架：</view>
    <view class="page-section-demo">
      <checkbox-group onChange="onChange" name="libs">
        <label class="checkbox" a:for="{{items}}" key="label-{{index}}">
          <checkbox value="{{item.name}}" checked="{{item.checked}}"
disabled="{{item.disabled}}" />
          <text class="checkbox-text">{{item.value}}</text>
        </label>
      </checkbox-group>
    </view>
    <view class="page-section-btns">
      <view><button type="ghost" size="mini" formType="reset">reset</button>
</view>
      <view><button type="primary" size="mini" formType="submit">submit
</button></view>
    </view>
  </view>
</form>
</view>
```

.js 示例代码：

```
// page/component/checkbox/checkbox-group.js
Page({
  data: {
    items: [
      { name: 'angular', value: 'AngularJS' },
      { name: 'react', value: 'React', checked: true },
      { name: 'polymer', value: 'Polymer' },
      { name: 'vue', value: 'Vue.js' },
      { name: 'ember', value: 'Ember.js' },
      { name: 'backbone', value: 'Backbone.js', disabled: true },
    ],
  },
  onSubmit(e) {
    console.log('onSubmit', e);
    my.alert({
      content: `你选择的框架是 ${e.detail.value.libs.join(', ')}`,
    });
  },
```

```
onReset(e) {
  console.log('onReset', e);
},
onChange(e) {
  console.log(e);
},
});
```

.acss 示例代码：

```
/*page/component/checkbox/checkbox-group.acss */
.checkbox {
  display: block;
  margin-bottom: 20rpx;
}

button + button {
  margin-top: 32rpx;
}

.checkbox-text {
  font-size:34rpx;
  line-height: 1.2;
}
```

5.3.10 switch

本节将从属性和示例代码两部分介绍 switch（单选开关）组件。

1. 属性

switch 的属性列表如表 5-24 所示。

表 5-24 switch 的属性列表

属　　性	类　　型	说　　明
name	String	组件名字，用于表单提交时获取数据
checked	Boolean	是否被选中
disabled	Boolean	是否禁用
color	String	组件颜色
onChange	EventHandle	checked 的值发生改变时触发，event.detail={value:checked}

2. 示例代码

.axml 示例代码：

```
<!--page/component/switch/switch.axml -->
<view class="page">
  <view class="page-description">开关</view>
  <view class="page-section">
    <view class="page-section-demo switch-list">
      <view class="switch-item">
        <switch checked onChange="switch1Change" aria-label="{{switch1 ? 'switch
opened' : 'switch closed'}}" />
      </view>
      <view class="switch-item">
        <switch onChange="switch2Change"/>
      </view>
      <view class="switch-item">
        <switch color="red" checked />
      </view>
    </view>
  </view>
</view>
```

.js 示例代码：

```
// page/component/switch/switch.js
Page({
  data: {
    switch1: true,
  },
  switch1Change(e) {
    console.log('switch1 发生 change 事件，携带值为', e.detail.value);
    this.setData({
      switch1: e.detail.value,
    });
  },
  switch2Change(e){
    console.log('switch2 发生 change 事件，携带值为', e.detail.value);
  },
});
```

165

.acss 示例代码：

```
/* page/component/switch/switch.acss */
.switch-item + .switch-item {
 margin-top: 20rpx;
}
```

5.3.11　slider

本节将从属性和示例代码两部分介绍 slider（滑动器选择）组件。

1. 属性

slider 的属性列表如表 5-25 所示。

表 5-25　slider 的属性列表

属　　性	类　　型	说　　明
name	String	组件名字，用于表单提交时获取数据
min	Number	最小值。 默认值：0
max	Number	最大值。 默认值：100
step	Number	步长，该值必须大于 0 且可被(max – min)整除 默认值：1
disabled	Boolean	是否禁用。 默认值：false
value	Number	当前取值。 默认值：0
show-value	Boolean	是否显示当前 value。 默认值：false
activeColor	String	已选择的颜色。 默认值：#108ee9
backgroundColor	String	背景条的颜色。 默认值：#ddd
trackSize	Number	轨道线条的高度。 默认值：4
handleSize	Number	滑块大小。 默认值：22

属　　　性	类　　　型	说　　　明
handleColor	String	滑块填充色。 默认值：#fff
onChange	EventHandle	完成一次拖动后触发，event.detail = {value: value}

2. 示例代码

.axml 示例代码：

```
<view class="page">
 <view class="page-description">滑块</view>
 <view class="page-section">
  <view class="page-section-title">设置 step</view>
  <view class="page-section-demo">
    <slider value="5" onChange="slider2change" step="5"/>
  </view>
 </view>

 <view class="page-section">
  <view class="page-section-Litle">设置最小值/最大值的范围</view>
  <view class="page-section-demo">
    <slider value="33" onChange="slider4change" min="25" max="50" show-value/>
  </view>
 </view>

 <view class="page-section">
  <view class="page-section-title">自定义样式</view>
  <view class="page-section-demo">
    <slider value="33" onChange="slider4change" min="25" max="50" show-value
    backgroundColor="#FFAA00" activeColor="#00aaee" trackSize="2"
handleSize="6" handleColor="blue" />
  </view>
 </view>
</view>
```

.js 示例代码：

```
const pageData = {};

for (let i = 1; i < 5; ++i) {
```

```
(function (index) {
  pageData['slider' + index + 'change'] = function (e) {
    console.log('slider' + index + '发生 change 事件，携带值为', e.detail.value);
  };
})(i);
}
Page(pageData);
```

5.3.12　pick view

pick view 表示嵌入页面的滚动选择器。其中只可放置 picker-view-column 组件，其他组件不会显示。如果需要获取数组中的值，则可以先获取索引 index ，然后通过 index 获取数组中的值。本节将从属性和示例代码两部分介绍 pick view 组件。

1. 属性

pick view 的属性列表如表 5-26 所示。

表 5-26　pick view 的属性列表

属　　性	类　　型	说　　明
value	Number 的 array	表示 picker-view-column 中对应的 index （从 0 开始）
indicatorStyle	String	选中框样式
onChange	EventHandle	滚动选择，value 的值发生改变时触发，event.detail = {value: value};，value 为数组，表示 picker-view 内的 picker-view-column 的 index，从 0 开始

🎓 注　意

pick view 中只可放置 picker-view-column 组件，其他组件不会显示。不要将该组件放入 hidden 或 display none 的节点内部，需要隐藏时可用 a:if 切换。

不推荐使用以下方式：

```
<view hidden><picker-view/></view>
```

推荐使用以下方式：

```
<view a:if="{{xx}}"><picker-view/></view>
```

2. 示例代码

.axml 示例代码：

```
<view class="pv-container">
  <view class="pv-left">
    <picker-view value="{{value}}" onChange="onChange">
      <picker-view-column>
        <view>2013</view>
        <view>2014</view>
      </picker-view-column>
      <picker-view-column>
        <view>春</view>
        <view>夏</view>
      </picker-view-column>
    </picker-view>
  </view>
  <view class="pv-right">
    {{value}}
  </view>
</view>
```

.js 示例代码：

```
Page({
  data: {},
  onChange(e) {
    console.log(e.detail.value);
    this.setData({
      value: e.detail.value,
    });
  },
});
```

5.3.13 picker

本节将从属性和示例代码两部分介绍 picker（从底部弹起的滚动选择器）组件。

1. 属性

picker 的属性列表如表 5-27 所示。

表 5-27　picker 的属性列表

属　性	类　型	说　明
range	String[]/Object[]	该值为 String[]类型时表示可选择的字符串列表，该值为 Object[]类型时需指定 range-key，表示可选择的字段。 默认值：[]
range-key	String	当 range 的值为 Object[]类型时，通过 range-key 来指定 Object 中的 key 值作为选择器显示内容
value	Number	表示选择了 range 中的第几个字符（下标从 0 开始）
onChange	EventHandle	value 的值发生改变时触发，event.detail = {value: value}
disabled	Boolean	是否禁用。 默认值：false

2．示例代码

.axml 示例代码：

```
<!--page/component/picker/picker.axml -->
<view class="page">
  <view class="page-description">从底部弹起的滚动选择器</view>
  <view class="page-section">
    <picker onChange="bindPickerChange" value="{{index}}" range="{{array}}">
      <view class="row">
        <view class="row-title">地区选择器</view>
        <view class="row-extra">当前选择：{{array[index]}}</view>
        <image class="row-arrow" src="/image/arrowright.png" mode="aspectFill" />
      </view>
    </picker>
  </view>


  <view class="page-section">
    <picker onChange="bindObjPickerChange" value="{{arrIndex}}" range=
"{{objectArray}}" range-key="name">
      <view class="row">
        <view class="row-title">ObjectArray</view>
        <view class="row-extra">当前选择：{{objectArray[arrIndex].name}}</view>
        <image class="row-arrow" src="/image/arrowright.png" mode="aspectFill" />
      </view>
    </picker>
  </view>
</view>
```

.js 示例代码：

```
//page/component/picker/picker.js
Page({
 data: {
  array: ['中国', '美国', '巴西', '日本'],
  objectArray: [
    {
      id: 0,
      name: '美国',
    },
    {
      id: 1,
      name: '中国',
    },
    {
      id: 2,
      name: '巴西',
    },
    {
      id: 3,
      name: '日本',
    },
  ],
  arrIndex: 0,
  index: 0
 },
 bindPickerChange(e) {
  console.log('picker 发送选择改变，携带值为', e.detail.value);
  this.setData({
    index: e.detail.value,
  });
 },
 bindObjPickerChange(e) {
  console.log('picker 发送选择改变，携带值为', e.detail.value);
  this.setData({
    arrIndex: e.detail.value,
  });
 },
```

```
});
```

.acss 示例代码：

```
/* page/component/picker/picker.acss */
.date-radio {
  padding: 26rpx;
}

.date-radio label + label {
  margin-left: 20rpx;
}


.row {
  display: flex;
  align-items: center;
  padding: 0 30rpx;
}

.row-title {
  flex: 1;
  padding-top: 28rpx;
  padding-bottom: 28rpx;
  font-size: 34rpx;
  color: #000;
}

.row-extra {
  flex-basis: initial;
  font-size: 32rpx;
  color: #888;
}

.row-arrow {
  width: 32rpx;
  height: 32rpx;
  margin-left: 16rpx;
}
```

5.4 导航

本节将介绍钉钉小程序组件中的导航内容，即 navigator 页面链接相关内容，先介绍 navigator 页面链接属性，然后通过示例代码进行详细说明。

1. 属性

navigator 页面链接属性列表如表 5-28 所示。

表 5-28 navigator 页面链接属性列表

属　　性	类　　型	说　　明
hover-class	String	点击时附加的类。 默认值：none
hover-start-time	Number	按住屏幕多长时间后出现点击状态，单位为 ms
hover-stay-time	Number	手指松开后点击状态保留的时间，单位为 ms
url	String	应用内的跳转链接
open-type	String	跳转方式。 默认值：navigate

open-type 的有效值如表 5-29 所示。

表 5-29 open-type 的有效值

有　效　值	说　　明
navigate	对应 dd.navigateTo 的功能
redirect	对应 dd.redirectTo 的功能
switchTab	对应 dd.switchTab 的功能
navigateBack	对应 dd.navigateBack 的功能

2. 示例代码

.axml 示例代码：

```
<!-- sample.axml -->
<view class="page">
  <view class="page-description">导航栏</view>
  <navigator open-type="navigate" url="./navigate" hover-class=
"navigator-hover">跳转到新页面</navigator>
  <navigator open-type="redirect" url="./redirect"
hover-class="navigator-hover">在当前页面打开</navigator>
  <navigator open-type="switchTab" url="/page/API/index/index" hover-class=
"navigator-hover">跳转到另外一个 Tab - API</navigator>
```

```
<navigator open-type="reLaunch" url="/page/component/index" hover-class=
"navigator-hover">reLaunch</navigator>
  <navigator open-type="navigateBack" hover-class="navigator-hover">
navigateBack</navigator>
</view>
```

.acss 示例代码：

```
navigator {
  background-color: lightcoral;
  color: #fff;
  margin-bottom: 10rpx;
  padding: 20rpx;
  text-align: center;
}

.navigator-hover {
  background-color: lightskyblue;
  color: #fff;
}
```

5.5　媒体

本节将介绍钉钉小程序组件中的媒体内容，包括 image（图片）和 video（视频播放器）。

5.5.1　image

本节将从属性、缩放模式、裁剪模式和示例代码四部分介绍 image 组件。

1．属性

image 的属性列表如表 5-30 所示。

表 5-30　image 的属性列表

属　　性	类　　型	说　　明
src	String	图片地址
mode	String	图片模式。mode 有 13 种模式，其中 4 种是缩放模式，另外 9 种是裁剪模式。 默认值：scaleToFill

续表

属　性	类　型	说　明
class	String	外部样式
style	String	内联样式
onError	EventHandle	当图片加载错误时触发,事件对象 event.detail = {errMsg: 'something wrong'}
onLoad	EventHandle	当图片载入完毕时触发,事件对象 event.detail = {height:'图片高度 px', width:'图片宽度 px'}

> **注　意**
>
> image 组件的默认宽度为 300px、高度为 225px。

2．缩放模式

缩放模式的属性值列表如表 5-31 所示。

表 5-31　缩放模式的属性值列表

属　性　值	说　明
scaleToFill	不保持纵横比缩放图片,使图片的宽高完全拉伸至填满 image 组件
aspectFit	保持纵横比缩放图片,使图片的长边能完全显示出来。也就是说,可以完整地将图片显示出来
aspectFill	保持纵横比缩放图片,只保证图片的短边能完全显示出来。也就是说,图片通常只在水平或垂直方向是完整的,在另一个方向将会被截取
widthFix	宽度不变,高度自动变化,保持原图宽高比不变

3．裁剪模式

裁剪模式的属性值列表如表 5-32 所示。

表 5-32　裁剪模式的属性值列表

属　性　值	说　明
top	不缩放图片,只显示图片的顶部区域
bottom	不缩放图片,只显示图片的底部区域
center	不缩放图片,只显示图片的中间区域
left	不缩放图片,只显示图片的左边区域
right	不缩放图片,只显示图片的右边区域
top left	不缩放图片,只显示图片的左上边区域
top right	不缩放图片,只显示图片的右上边区域

续表

属 性 值	说 明
bottom left	不缩放图片，只显示图片的左下边区域
bottom right	不缩放图片，只显示图片的右下边区域

☞ 注 意

不能直接将图片高度设置为 auto，如果需要将图片高度设置为 auto，则直接将 mode 的值设置为 widthFix 即可。

4. 示例代码

.axml 示例代码：

```
<view class="page">
  <view class="page-description">图片</view>
  <view class="page-section" a:for="{{array}}" a:for-item="item">
    <view class="page-section-title">{{item.text}}</view>
    <view class="page-section-demo" onTap="onTap">
      <image class="image"
        data-name="{{item.mode}}"
        onTap="onTap"
        mode="{{item.mode}}" src="{{src}}" onError="imageError"
onLoad="imageLoad" />
    </view>
  </view>
</view>
```

.js 示例代码：

```
Page({
  data: {
    array: [{
      mode: 'scaleToFill',
      text: 'scaleToFill: 不保持纵横比缩放图片，使图片完全填满 image 组件',
    }, {
      mode: 'aspectFit',
      text: 'aspectFit: 保持纵横比缩放图片，使图片的长边能完全显示出来',
    }, {
      mode: 'aspectFill',
```

```
      text: 'aspectFill: 保持纵横比缩放图片, 只保证图片的短边能完全显示出来',
    }, {
      mode: 'widthFix',
      text: 'widthFix: 宽度不变, 高度自动变化, 保持原图宽高比不变',
    }, {
      mode: 'top',
      text: 'top: 不缩放图片, 只显示图片的顶部区域',
    }, {
      mode: 'bottom',
      text: 'bottom: 不缩放图片, 只显示图片的底部区域',
    }, {
      mode: 'center',
      text: 'center: 不缩放图片, 只显示图片的中间区域',
    }, {
      mode: 'left',
      text: 'left: 不缩放图片, 只显示图片的左边区域',
    }, {
      mode: 'right',
      text: 'right: 不缩放图片, 只显示图片的右边区域',
    }, {
      mode: 'top left',
      text: 'top left: 不缩放图片, 只显示图片的左上边区域',
    }, {
      mode: 'top right',
      text: 'top right: 不缩放图片, 只显示图片的右上边区域',
    }, {
      mode: 'bottom left',
      text: 'bottom left: 不缩放图片, 只显示图片的左下边区域',
    }, {
      mode: 'bottom right',
      text: 'bottom right: 不缩放图片, 只显示图片的右下边区域',
    }],
    src: './2.png',
  },
  imageError(e) {
    console.log('image 发生 error 事件, 携带值为', e.detail.errMsg);
  },
```

177

```
onTap(e) {
  console.log('image 发生 tap 事件', e);
},
imageLoad(e) {
  console.log('image 加载成功', e);
},
});
```

.acss 示例代码：

```
.page-section-demo {
  display: flex;
  justify-content: space-around;
}
.image {
  background-color: red;
  width: 100px;
  height: 100px;
}
```

5.5.2　video

开发者可通过 video 组件播放视频。

注 意

video 组件的 enableNative 属性值必须设置成 true，原因是有少量小程序还在使用旧版本的视频播放器。本节介绍的 video，只针对新版 Native 播放器。

1．属性

video 的属性列表如表 5-33 所示。

表 5-33　video 的属性列表

属　　性	类　　型	说　　明
class	String	外部样式
style	String	内联样式
id	String	video 组件 ID

续表

属　　性	类　　型	说　　明
src	String	视频地址，仅支持网络视频地址
autoplay	Boolean	是否自动播放。 默认值：false
controls	Boolean	是否显示控制器。 默认值：true
loop	Boolean	是否循环播放。 默认值：false
muted	Boolean	是否静音。 默认值：false
objectFit	String	填充形式，包括如下 3 种。 • contain（默认值）：包含； • fill：填充； • cover：覆盖
enableNative	Boolean	是否使用 Native 版播放器。 默认值：false
onPlay	Function	播放开始时的回调
onPause	Function	播放暂停时的回调
onEnded	Function	播放结束时的回调
onTimeUpdate	Function	播放进度变化时的回调。event.detail = {currentTime, duration}，单位为 ms
onFullScreenChange	Function	全屏/退出全屏时的回调。event.detail = {fullScreen}
onWaiting	Function	视频缓冲时的回调
onError	Function	视频播放出错时的回调

2．支持的格式

video 支持的格式如表 5-34 所示。

表 5-34　video 支持的格式

属　　性	值
网络协议	http、https、rtmp、rtp、artp
媒体文件格式	mp4、flv、m3u8、mpegts
视频编码类型	H.264、H.265
音频编码类型	AAC(HE、HE-v2)、PCM
NALU header 格式	Annex-B、MPEG-4（avcc、hvcc）

5.6 canvas

本节将介绍钉钉小程序组件中的 canvas（画布）组件。

1. 属性

canvas 的属性列表如表 5-35 所示。

表 5-35　canvas 的属性列表

属　　性	类　　型	说　　明

id	String	组件唯一标识符。
		同一页面中的 id 不可重复。如果需要在高 dpr 中取得更精确的显示效果，需要先将 canvas 用属性设置放大，用样式缩写，例如：
		`<-- getSystemInfoSync().pixelRatio === 2 -->`
		`<canvas width="200" height="200" style="width:100px;height:100px;"/>`

style	String	—
class	String	—
width	String	默认值：300px
height	String	默认值：225px
disable-scroll	Boolean	是否禁止屏幕滚动以及下拉刷新。 默认值：false
onTap	EventHandle	点击
onTouchStart	EventHandle	触摸动作开始
onTouchMove	EventHandle	触摸后移动
onTouchEnd	EventHandle	触摸动作结束
onTouchCancel	EventHandle	触摸动作被打断，如来电提醒、弹窗
onLongTap	EventHandle	长按屏幕 500ms 之后触发，触发长按事件后再进行移动将不会触发屏幕的滚动

2. 示例代码

.axml 示例代码：

```
<canvas
  id="canvas"
  class="canvas"
  onTouchStart="log"
  onTouchMove="log"
```

```
   onTouchEnd="log"
/>
```

.js 示例代码：

```
Page({
  onReady() {
    this.point = {
      x: Math.random() * 295,
      y: Math.random() * 295,
      dx: Math.random() * 5,
      dy: Math.random() * 5,
      r: Math.round(Math.random() * 255 | 0),
      g: Math.round(Math.random() * 255 | 0),
      b: Math.round(Math.random() * 255 | 0),
    };

    this.interval = setInterval(() => {this.draw() }, 17);
  },

  draw() {
    var ctx = dd.createCanvasContext('canvas');
    ctx.setFillStyle('#FFF');
    ctx.fillRect(0, 0, 305, 305);

    ctx.beginPath();
    ctx.arc(this.point.x, this.point.y, 10, 0, 2 * Math.PI);
    ctx.setFillStyle("rgb(" + this.point.r + ", " + this.point.g + ", " +
this.point.b + ")");
    ctx.fill();
    ctx.draw();

    this.point.x += this.point.dx;
    this.point.y += this.point.dy;
    if (this.point.x <= 5 || this.point.x >= 295) {
      this.point.dx = -this.point.dx;
      this.point.r = Math.round(Math.random() * 255 | 0);
      this.point.g = Math.round(Math.random() * 255 | 0);
```

```
    this.point.b = Math.round(Math.random() * 255 | 0);
  }

  if (this.point.y <= 5 || this.point.y >= 295) {
    this.point.dy = -this.point.dy;
    this.point.r = Math.round(Math.random() * 255 | 0);
    this.point.g = Math.round(Math.random() * 255 | 0);
    this.point.b = Math.round(Math.random() * 255 | 0);
  }
},
drawBall() {

},
log(e) {
  if (e.touches && e.touches[0]) {
    console.log(e.type, e.touches[0].x, e.touches[0].y);
  } else {
    console.log(e.type);
  }
},
onUnload() {
  clearInterval(this.interval)
  }
})
```

5.7 map

本节将介绍钉钉小程序组件中的 map（地图）组件。

map 是地图组件。若同一个页面需要展示多个 map 组件，则需要使用不同的 ID。

map 是由客户端创建的原生组件。开发者可以通过 dd.canIUse('inPageRenderType.map')判断当前 map 组件是否支持同层渲染。当 map 组件支持同层渲染时，可被其他组件覆盖，否则原生组件的层级是最高的，页面中其他组件的 z-index 值无论设置为多少，都无法处于原生组件之上。

🎓 注 意

- 目前 map 组件只支持高德地图 style。
- 不要在 scroll-view 中使用 map 组件。
- CSS 动画对 map 组件无效。
- 缩小或放大地图比例尺之后，若再次设置 data 经纬度到一个地点，需要在 onRegionChange 函数中重新设置 data 的 scale 属性值，否则当拖动地图区域后，重新加载将导致地图比例尺又变回缩放前的大小，具体设置读者可参照示例代码中的 regionchange 函数部分。
- 基础库从 1.24.13 版本开始支持 optimize 属性，开启 optimize 属性后，开发者不需要再通过监听 onRegionChange 函数来更新 scale 属性值以保证缩放比例不变。钉钉客户端 5.1.2 以上版本支持该特性，开发者可通过 dd.canIUse ('map.optimize') 进行检测。基础库版本号的获取方法，请参考附录 A。
- 小程序不支持获取当前地图的经纬度。

1. 示例代码

.axml 示例代码：

```
<view class="page">
  <block a:if="{{mapV2Enable}}">
    <view class="page-section">
      <view class="page-section-demo">
        <map
          id="map"
          longitude="{{longitude}}"
          latitude="{{latitude}}"
          scale="{{scale}}"
          controls="{{controls}}"
          onControlTap="controltap"
          markers="{{markers}}"
          onMarkerTap="markertap"
          polyline="{{polyline}}"
          polygon="{{polygon}}"
          circles="{{circles}}"
          onRegionChange="regionchange"
          onTap="tap"
          onCalloutTap="callouttap"
```

```
          show-location style="width: 100%; height: 200px;"
          include-points="{{includePoints}}"
          ground-overlays="{{groundOverlays}}">
        </map>
      </view>
    </view>
    <view class="page-section-btns">
      <view onTap="demoResetMap">恢复</view>
      <view onTap="demoGetCenterLocation">获取中心点坐标</view>
      <view onTap="demoMoveToLocation">回到定位点</view>
    </view>
    <view class="page-section-btns">
      <view onTap="demoMarkerAnimation">Marker 动画</view>
      <view onTap="demoMarkerLabel">Label</view>
      <view onTap="demoMarkerCustomCallout">CustomCallout</view>
    </view>
    <view class="page-section-btns">
      <view onTap="demoMarkerAppendStr">文字 Marker</view>
      <view onTap="demoTrafficOverlay">路况展示</view>
      <view onTap="demoShowRoute">步行路线规划</view>
    </view>
    <view class="page-section-btns">
      <view onTap="demoCompass">指南针</view>
      <view onTap="demoScale">比例尺</view>
      <view onTap="demoGesture">手势</view>
    </view>
    <view class="page-section-btns">
      <view onTap="demoPolyline">线</view>
      <view onTap="demoPolygon">多边形</view>
      <view onTap="demoCircle">圆</view>
    </view>
    <view class="page-section-btns">
    </view>
</block>
<view class="page-section empty" a:else>
  <view class="text-line">
    当前版本不支持地图组件，请安装最新版本钉钉客户端并开启 V2 引擎。
  </view>
```

```
    <view class="text-line">
        V2 引擎开启方式请参考钉钉开放平台小程序引擎升级计划相关文档。
    </view>
  </view>
</view>
```

.js 示例代码：

```
const mapV2Message = '客户端版本过低，请升级客户端版本并开启 V2 引擎。'

const markers = [{
  id: 0,
  latitude: 30.266786,
  longitude: 120.10675,
  width: 19,
  height: 31,
  iconPath: '/image/mark_bs.png',
  callout: {
    content: 'callout',
  },
}];

const animMarker = [{
  id: 1,
  latitude: 30.266786,
  longitude: 120.10675,
  width: 19,
  height: 31,

  iconPath: '/image/mark_bs.png',

  fixedPoint:{
    originX: 200,
    originY: 150,
  },
  markerLevel: 2
}];

const labelMarker = [{
  id: 2,
```

```
    latitude: 30.266786,
    longitude: 120.10675,
    width: 19,
    height: 31,
    iconPath: '/image/mark_bs.png',
    label:{
      content:"Hello Label",
      color:"#00FF00",
      fontSize:14,
      borderRadius:3,
      bgColor:"#ffffff",
      padding:10,
    },
    markerLevel: 2
}];
const customCalloutMarker = [{
    id: 3,
    latitude: 30.266786,
    longitude: 120.10675,
    width: 19,
    height: 31,
    iconPath: '/image/mark_bs.png',
    "customCallout":{
      "type": 2,
      "descList": [{
        "desc": "预计",
        "descColor": "#333333"
      }, {
        "desc": "5分钟",
        "descColor": "#108EE9"
      }, {
        "desc": "到达",
        "descColor": "#333333"
      }],
      "isShow": 1
    },
    markerLevel: 2
}];
```

```
const iconAppendStrMarker = [{
  id: 34,
  latitude: 30.266786,
  longitude: 120.10675,
  width: 19,
  height: 31,
  iconAppendStr:"iconAppendStr",
  markerLevel: 2
}];

var myTrafficEnabled = 0;
var myCompassEnabled = 0;
var myScaleEnabled = 0;
var myGestureEnabled = 0;

const longitude = 120.10675;
const latitude = 30.266786;
const includePoints = [{
  latitude: 30.266786,
  longitude: 120.10675,
}];

Page({
  data: {
    scale: 14,
    longitude,
    latitude,
    includePoints,
    mapV2Enable: dd.canIUse('map.optimize'),
  },
  onReady() {
    // 使用 dd.createMapContext 获取 map 上下文
    this.mapCtx = dd.createMapContext('map');
  },
  demoResetMap() {
    this.setData({
      scale: 14,
```

```
      longitude,
      latitude,
      includePoints,
      'groundOverlays':[],
      circles:[],
      polygon:[],
      polyline:[],
    });
    if (dd.canIUse('createMapContext.return.clearRoute')) {
      this.mapCtx.clearRoute();
    }
  },
  demoGetCenterLocation() {
    if (dd.canIUse('createMapContext')) {
      this.mapCtx.getCenterLocation({
        success: (res) => {
          dd.alert({
            content: 'longitude:' + res.longitude + '\nlatitude:' + res.latitude +
'\nscale:' + res.scale,
          });
          console.log(res.longitude);
          console.log(res.latitude);
          console.log(res.scale);
        },
      });
    }
  },
  demoMoveToLocation() {
    if (dd.canIUse('createMapContext')) {
      this.mapCtx.moveToLocation();
    }
  },
  demoMarkerAnimation() {
    if (!dd.canIUse('createMapContext.return.updateComponents')) {
      dd.alert({
        title: '不支持',
        content: mapV2Message
      });
```

```
    return;
  }
  this.mapCtx.updateComponents({
    'markers':animMarker,
  });
  this.mapCtx.updateComponents({
    command:{
      markerAnim:[{markerId:1,type:0},],
    }
  });
},
demoMarkerLabel() {
  if (!dd.canIUse('createMapContext.return.updateComponents')) {
    dd.alert({
      title: '不支持',
      content: mapV2Message
    });
    return;
  }
  this.mapCtx.updateComponents({
    scale: 14,
    longitude,
    latitude,
    includePoints,
    'markers':labelMarker,
  });
},
demoMarkerCustomCallout() {
  if (!dd.canIUse('createMapContext.return.updateComponents')) {
    dd.alert({
      title: '不支持',
      content: mapV2Message
    });
    return;
  }
  this.mapCtx.updateComponents({
    scale: 14,
    longitude,
```

```
    latitude,
    includePoints,
    'markers':customCalloutMarker,
  });
},
demoMarkerAppendStr() {
  if (!dd.canIUse('createMapContext.return.updateComponents')) {
    dd.alert({
      title: '不支持',
      content: mapV2Message
    });
    return;
  }
  this.mapCtx.updateComponents({
    scale: 14,
    longitude,
    latitude,
    includePoints,
    'markers':iconAppendStrMarker,
  });
},
demoTrafficOverlay() {
  if (!dd.canIUse('createMapContext.return.updateComponents')) {
    dd.alert({
      title: '不支持',
      content: mapV2Message
    });
    return;
  }
  myTrafficEnabled = (myTrafficEnabled+1) %2;

this.mapCtx.updateComponents({setting:{trafficEnabled:myTrafficEnabled}});
},
demoShowRoute() {
  if (!dd.canIUse('createMapContext.return.showRoute')) {
    dd.alert({
      title: '不支持',
      content: mapV2Message
```

```
      });
      return;
    }
    this.mapCtx.showRoute({
      startLat:30.257839,
      startLng:120.062726,
      endLat:30.256718,
      endLng:120.059985,
      zIndex:4,
      routeColor:'#FFB90F',
      iconPath: "/image/map_alr.png",
      iconWidth:10,
      routeWidth:10
    });
},
demoCompass() {
  if (dd.canIUse('createMapContext')) {
    myCompassEnabled = (myCompassEnabled+1) %2;
    this.mapCtx.showsCompass({isShowsCompass:myCompassEnabled});
  }
},
demoScale() {
  if (dd.canIUse('createMapContext')) {
    myScaleEnabled = (myScaleEnabled+1) %2;
    this.mapCtx.showsScale({isShowsScale:myScaleEnabled});
  }
},
demoGesture() {
  if (dd.canIUse('createMapContext')) {
    myGestureEnabled = (myGestureEnabled+1) %2;
    this.mapCtx.gestureEnable({isGestureEnable:myGestureEnabled});
  }
},
demoPolyline() {
  if (!dd.canIUse('map.polyline')) {
    dd.alert({
      title: '不支持',
```

```
      content: mapV2Message
    });
    return;
  }
  this.setData({
    scale: 16,
    longitude,
    latitude,
    polyline: [{
      points: [{// 右上
        latitude: 30.264786,
        longitude: 120.10775,
      },{// 左下
        latitude: 30.268786,
        longitude: 120.10575,
      }],
      color: '#FF0000DD',
      width: 10,
      dottedLine: false,
      iconPath: "/image/map_alr.png",
      iconWidth:10,
    }],
  });
},
demoPolygon() {
  if (!dd.canIUse('map.polygon')) {
    dd.alert({
      title: '不支持',
      content: mapV2Message
    });
    return;
  }
  this.setData({
    scale: 16,
    longitude,
    latitude,
    polygon: [{
```

```
      points: [{// 右上
        latitude: 30.264786,
        longitude: 120.10775,
      },{// 右下
        latitude: 30.268786,
        longitude: 120.10775,
      },{// 左下
        latitude: 30.268786,
        longitude: 120.10575,
      },{// 左上
        latitude: 30.264786,
        longitude: 120.10575,
      }],
      fillColor: '#BB0000DD',
      width: 5,
    }],
  });

},
demoCircle() {
  if (!dd.canIUse('map.circles')) {
    dd.alert({
      title: '不支持',
      content: mapV2Message
    });
    return;
  }
  this.setData({
    scale: 16,
    longitude,
    latitude,
    circles: [{
      longitude,
      latitude,
      color: '#BB76FF88',
      fillColor: '#BB76FF33',
      radius: 100,
      strokeWidth:3,
```

```
  }]
  });
},
regionchange(e) {
  console.log('region change', e);
},
markertap(e) {
  console.log('marker tap', e);
},
controltap(e) {
  console.log('control tap', e);
},
tap() {
  console.log('tap');
},
callouttap(e) {
  console.log('callout tap', e);
},
});
```

2. 属性

map 的属性列表如表 5-36 所示。

表 5-36　map 的属性列表

属 性	类 型	说 明
style	String	内联样式
class	String	外部样式
latitude	Number	中心纬度
longitude	Number	中心经度
scale	Number	缩放级别，取值范围为 5～18。 默认值：16
skew	Number	倾斜角度，取值范围为 0～40，是关于 z 轴的倾角。 默认值：0。 最低版本：1.24.13
rotate	Number	旋转角度。 默认值：0。 最低版本：1.24.13

续表

属　性	类　型	说　明
markers	Array	覆盖物，在地图上的一个点绘制图标
polyline	Array	覆盖物，多个连贯点的集合（路线）。 最低版本：1.24.13
circles	Array	覆盖物，圆。 最低版本：1.24.13
controls	Array	在地图 View 之上的一个控件。 最低版本：1.24.13
polygon	Array	覆盖物，多边形。 最低版本：1.24.13
show-location	Boolean	是否显示带有方向的当前定位点
include-points	Array	视野将进行小范围延伸以包含传入的坐标，示例代码： [{ 　　　latitude: 30.279383, 　　　longitude: 120.131441 }] 最低版本：1.24.13

include-padding	Object	视野在地图 padding 范围内展示，示例代码：
		{
		　　left:0, right:0,
		　　top:0, bottom:0
		}
		最低版本：1.24.13

ground-overlays	Array	覆盖物，自定义贴图，示例代码：
		[{
		　　// 右上，左下
		　　'include-points':[{
		　　　latitude: 39.935029,
		　　　longitude: 116.384377,
		　　},{
		　　　latitude: 39.939577,
		　　　longitude: 116.388331,
		　　}],
		　　image:'/image/overlay.png',
		　　alpha:0.25,
		　　zIndex:1
		}]
		最低版本：1.24.13

属　　性	类　型	说　　明

tile-overlay	Object	覆盖物，网格贴图，示例代码：
		{
		　　url:'http://xxx',
		　　type:0, // url 类型
		　　tileWidth:256,
		　　tileHeight:256,
		　　zIndex:1,
		}
		最低版本：1.24.13

custom-map-style	String	设置地图样式，包括 2 种样式。 ● default：默认样式； ● light：精简样式。 最低版本：1.24.13

setting	Object	map 相关设置。示例代码：
		{
		// 手势
		gestureEnable: 1,
		// 比例尺
		showScale: 1,
		// 指南针
		showCompass: 1,
		// 双手下滑
		tiltGesturesEnabled: 1,
		// 交通路况展示
		trafficEnabled: 0,
		// 地图 POI 信息
		showMapText: 0,
		// 高德地图 Logo 位置
		logoPosition: {
		　centerX: 150,
		　centerY: 90
		　}
		}
		最低版本：1.24.13

续表

属　　性	类　　型	说　　明

onMarkerTap	EventHandle	点击 Marker 时触发。示例代码：
		{
		　　markerId,
		　　latitude,
		　　longitude,
		}

onCalloutTap	EventHandle	点击 Marker 对应的 callout 时触发。示例代码：
		{
		　　markerId,
		　　latitude,
		　　longitude,
		}
		最低版本：1.24.13

onControlTap	EventHandle	点击 control 时触发。示例代码：
		{
		　　controlId
		}
		最低版本：1.24.13

onRegionChange	EventHandle	视野发生变化时触发。示例代码：
		{
		　　type: "begin/end",
		　　latitude,
		　　longitude,
		　　scale
		}
		最低版本：1.24.13

onTap	EventHandle	点击地图时触发。示例代码：
		{
		　　latitude,
		　　longitude,
		}

1）markers

markers 为标记点，用于在地图上显示标记的位置。

📖 **注 意**

- 可利用 markers 属性显示多个定位点。
- 地点标记不能设置为英文。

markers 的属性列表如表 5-37 所示。

表 5-37　markers 的属性列表

属　　性	类　　型	是否必填	说　　明
id	Number	否	标记点 ID，点击事件回调会返回此 id
latitude	Float	是	纬度，范围为-90～90
longitude	Float	是	经度，范围为-180～180
title	String	否	标记点名
iconPath	String	是	显示的图标，项目目录下的图标路径，不能用相对路径，只能用以/开头的绝对路径。示例：/pages/image/test.jpg
rotate	Number	否	顺时针旋转的角度，范围为 0～360。 默认值：0
alpha	Number	否	标记的透明度 默认值：1
width	Number	否	标记图标宽度，默认为图标的实际宽度
height	Number	否	标记图标高度，默认为图标的实际高度
displayRanges	Array	否	用于标明在特定地图缩放级别下展示，默认在所有级别下展示。指定只在特定级别范围内展示的示例代码如下： [{ 　"from": 10, 　"to": 15 　}] 最低版本：1.24.13

callout	Object	否	自定义 Marker 上的气泡窗口，地图上最多可展示一个，点击解发 map 上绑定的 onCalloutTap 事件。示例代码：
			{
			　　content:"xxx"
			}
			最低版本：1.24.13

anchorX	Double	否	经纬度在标记图标上的锚点（横向值），需要与 anchorY 成对出现，anchorX 表示横向(0-1)，anchorX:0.5,anchorY:1 表示底边中点

属　　性	类　　型	是 否 必 填	说　　　明
anchorY	Double	否	经纬度在标记图标上的锚点（纵向值），需要与 anchorX 成对出现，anchorY 表示纵向(0-1)，anchorX:0.5,anchorY:1 表示底边中点

customCallout	Object	否	callout 背景自定义，目前只支持高德地图 style。示例代码：
			{
			　"type": 2,
			　"descList": [{
			　　"desc": "预计",
			　　"descColor": "#333333"
			　}, {
			　　"desc": "5 分钟",
			　　"descColor": "#108EE9"
			　}, {
			　　"desc": "到达",
			　　"descColor": "#333333"
			　}],
			　"isShow": 1
			}
			最低版本：1.24.13

iconAppendStr	String	否	Marker 图片可以来源于 View，该属性和 iconPath 一起使用，会将 iconPath 对应的图片及该字符串共同生成一张图片，当作 Marker 的图标
iconAppendStrColor	String	否	Marker 图片可以来源于 View，如果设置了 iconAppendStr，则可以使用该属性控制其颜色。默认值：#33B276

fixedPoint	Object	否	基于屏幕位置扎点。
			{
			　//距离地图左上角的像素数，类型为 Number
			　originX:100,
			　originY:100
			}

markerLevel	Number	否	表示 Marker 在地图上的绘制层级，即与地图上其他覆盖物统一的 z 坐标系。 最低版本：1.24.13

续表

属　性	类　型	是否必填	说　明

label	Object	否	Marker 上的气泡，在地图上可同时展示多个，点击触发 map 上绑定的 onMarkerTap 事件。示例代码：
			{
			　　content:"Hello Label",
			　　color:"#000000",
			　　fontSize:12,
			　　borderRadius:"3",
			　　bgColor:"#ffffff",
			　　padding:5,
			}
			最低版本：1.24.13

style	Object	否	自定义 Marker 的样式和内容。 最低版本：1.24.13

其中，callout 的属性如表 5-38 所示。

表 5-38　callout 的属性

属　性	类　型	是否必填	说　明
content	String	否	内容。 默认值：null

customCallout 的属性列表如表 5-39 所示。

表 5-39　customCallout 的属性列表

属　性	类　型	是否必填	说　明
type	Number	是	样式类型，0 表示黑色 style、1 表示白色 style、2 表示背景+文本。 示例如下： 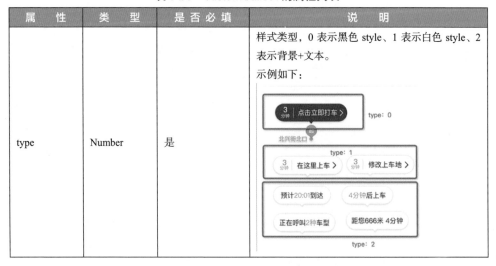

续表

属　　性	类　　型	是否必填	说　　明
time	String	是	时间值

descList	Array	是	用于描述数组。示例代码：
			{
			　　"type": 0,
			　　"time": "3",
			　　"descList": [{
			　　　　"desc": "点击立即打车",
			　　　　"descColor": "#ffffff"
			　　}],
			　　"isShow": 1
			}

fixedPoint 的属性列表如表 5-40 所示。

表 5-40　fixedPoint 的属性列表

属　　性	类　　型	是否必填	说　　明
originX	Number	是	横向像素点，距离地图左上角的像素数，从 0 开始
originY	Number	是	纵向像素点，距离地图左上角的像素数，从 0 开始

2）polygon

polygon 用于构造多边形对象，其属性列表如表 5-41 所示。

表 5-41　polygon 的属性列表

属　　性	类　　型	是否必填	说　　明
points	Array	是	经纬度数组。示例代码： [{ 　latitude: 0, 　longitude: 0 }]
color	String	否	线的颜色。用 8 位十六进制数表示，后两位表示 alpha 值，如#eeeeeeAA
fillColor	String	否	填充色。用 8 位十六进制数表示，后两位表示 alpha 值，如#eeeeeeAA

属　　性	类　　型	是否必填	说　　明
width	Number	否	线的宽度
displayRanges	Array	否	用于标明在特定地图缩放级别下展示，默认在所有级别下展示。 指定只在特定级别范围内展示的示例代码如下： [{ 　"from": 12, 　"to": 17 }]

3）polyline

polyline 用于指定一系列坐标点，从数组第一项连线至最后一项，其属性列表如表 5-42 所示。

表 5-42　polyline 的属性列表

属　　性	类　　型	是否必填	说　　明
points	Array	是	经纬度数组。示例代码： [{ 　latitude: 0, 　longitude: 0 }]
color	String	否	线的颜色，用 8 位十六进制数表示，后两位表示 alpha 值，如#eeeeeeAA
width	Number	否	线的宽度
dottedLine	Boolean	否	是否为虚线。 默认值：false
iconWidth	Number	否	使用纹理时线的宽度
zIndex	Number	—	覆盖物的 z 轴坐标
iconPath	String	—	项目目录下的图标路径，可以使用相对路径，以/开头表示相对小程序根目录，如果有 iconPath，则会忽略 color，但是 iconPath 可以和 colorList 联合使用，这样纹理会浮在彩虹线上方，为避免覆盖彩虹线，可以将纹理图片的背景颜色设置为透明

续表

属　　性	类　　型	是否必填	说　　明
colorList	Array	—	彩虹线，分段依据 points。例如，points 有 5 个点，那么 colorList 应该传 4 个颜色值，以此类推。如果 colorList 的数量小于 4 条，那么剩下的线条颜色和最后一条线的颜色一样。示例代码： [　"#AAAAAA", 　"#BBBBBB"]

4）circles

circles 用于在地图上显示圆，其属性列表如表 5-43 所示。

表 5-43　circles 的属性列表

属　　性	类　　型	是否必填	说　　明
latitude	Float	是	纬度，范围为 -90~90
longitude	Float	是	经度，范围为 -180~180
color	String	否	描边的颜色，用 8 位十六进制数表示，后两位表示 alpha 值，如#eeeeeeAA
fillColor	String	否	填充颜色，用 8 位十六进制数表示，后两位表示 alpha 值，如#eeeeeeAA
radius	Number	是	半径（单位为 m）
strokeWidth	Number	否	描边的宽度

5）controls

controls 用于在地图上显示控件，控件不随地图移动，其属性列表如表 5-44 所示。

表 5-44　controls 的属性列表

属　　性	类　　型	是否必填	说　　明
id	Number	否	控件 ID，点击事件回调时会返回此 id
position	Object	是	控件在地图中的位置
iconPath	String	是	项目目录下的图标路径，可以使用相对路径，以/开头表示相对小程序根目录
clickable	Boolean	否	是否可点击。 默认值：false

其中，position 的属性列表如表 5-45 所示。

表 5-45　position 的属性列表

有 效 值	类 型	是 否 必 填	说 明
left	Number	否	距地图左边界的距离。 默认值：0
top	Number	否	距地图上边界的距离。 默认值：0
width	Number	否	控件宽度，默认为图标宽度
height	Number	否	控件高度，默认为图标高度

🎓 注 意

地图组件的经纬度是必须设置的，若未设置经纬度，则默认是北京的经纬度。

3．Marker 图鉴

Marker 样式优先级说明如下。

● customCallout、callout 与 label 互斥，优先级排序为：label>customCallout> callout。

● style 与 icon 互斥，style、iconAppendStr 和 icon 的优先级排序为：style> iconAppendStr；style>icon。

style 的结构和图片示例如表 5-46 所示。

表 5-46　style 的结构和图片示例

结　　构	图 片 示 例

{
　　type:1,
　　text1:"Style1",
　　icon1:'xxx',
　　icon2:'xxx'
}	

{
　　type:2,
　　text1:"Style2",
　　icon1:'xxx',
　　icon2:'xxx'
}	

续表

结　构		图片示例

{
　　type:3,
　　icon:xxx,
　　text:xxx,
　　color:xxx,
　　bgColor:xxx,
　　gravity:"left/center/right",
　　fontType:"small/standard/large"
}
	
	//选填
	//必填
	//默认值为#33B276
	//默认值为#FFFFFF
	//默认值为 center
	//默认值为 standard
		哈哈哈style3，哦耶

customCallout 的结构和图片示例如表 5-47 所示。

表 5-47　customCallout 的结构和图片示例

结　构	图片示例
"type": 0, "time": "3", "descList": [{ 　　"desc": "点击立即打车", 　　"descColor": "#ffffff" }], "isShow": 1	3分钟 | 点击立即打车 >

{
　　"type": 1,
　　"time": "3",
　　"descList": [{
　　　　"desc": "点击立即打车",
　　　　"descColor": "#333333"
　　}],
　　"isShow": 1
}
	3分钟 | 点击立即打车 >

结　构	图片示例

{
 "type": 2,
 "descList": [{
  "desc": "预计",
  "descColor": "#333333"
 }, {
  "desc": "5 分钟",
  "descColor": "#108EE9"
 }, {
  "desc": "到达",
  "descColor": "#333333"
 }],
 "isShow": 1
}
	预计5分钟到达

label 的属性列表如表 5-48 所示。

表 5-48　label 的属性列表

属　性	是否必填	说　明
content	是	—
color	否	默认值为#000000
fontSize	否	默认值为 14，单位为 rpx
borderRadius	否	默认值为 20，单位为 rpx
bgColor	否	默认值为#FFFFFF
padding	否	默认值为 10，单位为 rpx

4．兼容性

（1）是否支持地图组件？

开发者可通过 dd.canIUse('map')进行判断。

（2）是否支持特定属性？

明确指定了最低版本的属性，需要通过 canIUse 进行兼容性判断。例如，polyline 属性需要通过 dd.canIUse('map.polyline')进行兼容性判断。makers 下的 customCallout 属性则需要通过 dd.canIUse('map.makers.customCallout')进行兼容性判断。

5．常见问题

（1）map 组件如何跳转到高德地图的 App 中进行导航？

开发者可使用 dd.openLocation 使 map 组件跳转到高德地图的 App 中进行导航。

（2）map 组件的 optimize 属性值设置为 true 后如何获取 scale 值？

optimize 属性值设置为 true 后，如果需要获取 scale 值，则必须使用 onRegionChange 函数。

（3）map 组件是否支持海外功能？

目前不支持。

（4）如何手动在地图上绘制多边形区域？

开发者可以使用 polygon 属性进行绘制。

（5）iconAppendStr 里的文字是否可以换行？

不可以。

（6）在 map 组件里设置了路径之后，如何更改起点和终点的 icon？

目前不支持更改。

5.8　开放能力

本节将介绍钉钉小程序组件中的开放能力。

5.8.1　web-view

web-view 是一个可以用来承载 H5 页面的组件，自动铺满整个小程序页面，但需要开发者到钉钉开发者后台配置渲染 H5 页面的安全域名。

> 🎓 注 意
>
> 每个页面只能有一个 web-view 组件，该组件会自动铺满整个页面，并覆盖其他组件。暂时不支持钉钉微应用相关 JSAPI 使用该组件，后续将迭代支持。

1. 属性

web-view 的属性列表如表 5-49 所示。

表 5-49　web-view 的属性列表

属　　性	类　　型	说　　明
src	String	web-view 要渲染的 H5 页面的 url。H5 页面的 url 需要开发者登录到钉钉开发者后台，进行 H5 域名白名单配置
onMessage	EventHandler	用于网页向小程序发送消息，e.detail = { data }

示例代码：

```
<web-view id="web-view-1" src="链接 2" onMessage="test"></web-view>
```

2. API 说明

web-view 要渲染的 H5 页面可以通过手动引入"链接 3"（此链接仅支持在钉钉客户端内访问）来实现，组件提供了与小程序交互的相关接口，如表 5-50 所示。

表 5-50　web-view 提供的与小程序交互的接口列表

接　口　名	说　　明
dd.postMessage	向小程序发送消息，自定义一组或多组 key、value 数据，格式为 JSON，如 dd.postMessage({name:"测试 web-view"})
dd.onMessage	监听小程序发送过来的消息

在<web-view/>H5 页面内编写如下代码：

```
<!-- html -->
<script type="text/javascript" src="链接 4"></script>
// 如果该 H5 页面需要同时在非钉钉客户端内使用，为避免请求 404，可参考以下写法
// 尽量在 html 头部执行以下脚本
<script>
  if (navigator.userAgent.toLowerCase().indexOf('dingtalk') > -1) {
    document.writeln('<script src="链接 5"' + '>' + '<' + '/' + 'script>');
  }
</script>

// JavaScript
dd.navigateTo({url: '/Pages/home/index'});

// 网页向小程序发送消息
dd.postMessage({name:"测试 web-view"});
```

```
// 接收来自小程序的消息
dd.onMessage = function(e) {
  console.log(e); //{'sendToWebView': '1'}
}

</script>
```

当 dd.postMessage 发送消息后,小程序页面接收消息时,会执行 onMessage 配置的方法。

```
// 小程序页面对应的 page.js 声明 test 方法
// 由于 page.axml 中的 web-view 组件设置了 onMessage="test",当网页中执行完 dd.postMessage
// 后,test 方法会被执行
// "web-view-1"为视图中 web-view 组件的 id,必须设置

Page({
  onLoad(e){
    this.webViewContext = dd.createWebViewContext('web-view-1');
  },
  test(e){
    dd.alert({
      content:JSON.stringify(e.detail),
    });
    this.webViewContext.postMessage({'sendToWebView': '1'});
  },
});
```

下面介绍一种通过桥接方式在 H5 页面中调用 dd.alert 的方法,通过该方法也可以调用其他 dd 上挂载的 API。

承载 web-view 组件的小程序页面内的 index.axml:

```
<web-view id="web-view-1" src="链接 6" onMessage="onmessage"></web-view>
```

承载 web-view 组件的小程序页面内的 index.js:

```
Page({
  onLoad(){
    this.webViewContext = dd.createWebViewContext('web-view-1');
  },
  onmessage: function(e) {
    const { d_m, params } = e.detail;
    const callbackId = params.callbackId;
```

```
  params.success = () => {
    this.webViewContext.postMessage({
      callbackId: callbackId,
      issuccess: true
    })
  }
  params.fail = () => {
    this.webViewContext.postMessage({
      callbackId: callbackId,
      issuccess: false
    })
  }
  delete params.callbackId
  dd[d_m](params);
 }
});
```

在<web-view/>H5 页面内编写如下代码：

```
let uniqId = 1;

function getUniqId() {
  return uniqId++;
}

const callBackMap = {};

// 通过该方法就可以在 H5 页面中调用 dd.alert
window.native_alert = function() {
  const callbackId = getUniqId();
  callBackMap[callbackId] = {
    success: function() {
      console.log('成功');
    },
    fail: function() {
      console.log('失败');
    }
  }
  dd.postMessage({
    d_m: 'alert',
```

```
  params: {
    title: '亲',
    content: '您本月的账单已出',
    buttonText: '我知道了',
    callbackId
  }
 });
}

dd.onMessage = function(e) {
 const { callbackId, issuccess } = e;
 const { success, fail } = callBackMap[callbackId];
 delete callBackMap[callbackId];
 issuccess ? success() : fail();
}
```

5.8.2 open-avatar

open-avatar（头像）组件用于在小程序中渲染一个钉钉用户头像，使用时只需要填写用户的 ID 信息。

🎓 注 意

支持 open-avatar 组件的钉钉最低版本为 4.6.6。开发者可以使用 canIUse ('open-avatar')进行兼容性判断。

1. 属性

open-avatar 的属性列表如表 5-51 所示。

表 5-51　open-avatar 的属性列表

属　　性	类　　型	说　　明
userId	String	第三方企业小程序和企业自建小程序使用的 userId。 默认值：空
openId	String	第三方个人小程序使用的 openId，获取方法可参考钉钉官方网站开发者文档"免登接入"开发应用部分。 默认值：空

211

属　　性	类　　型	说　　明
nickName	String	用户昵称。 默认值：空
avatar	String	用户头像图片地址。 默认值：空
size	String	有效值包括 tiny、small、normal、big、large、huge。对应大小如下。 tiny: 24px; small: 32px; normal: 36px; big: 40px; large: 48px; huge: 56px。 默认值：normal

头像显示规则如下。

- 如果设置了 nickName 和 avatar，将优先以 nickName 和 avatar 来展示头像。

- 如果没有设置 nickName 和 avatar，而是设置了 userId 或 openId，则 open-avatar 组件会用 userId 或 openId 去钉钉小程序服务端获取用户信息（获取用户信息的操作是自动的，不需要小程序开发者干预）。

2. 示例代码

第三方企业小程序渲染用户头像的示例代码：

```
<open-avatar userId="12345" size="normal"></open-avatar>
```

第 6 章

钉钉小程序设计规范

6.1 设计指南

本节将阐述钉钉小程序的设计指南，内容包括应用 Logo 符合钉钉要求、新用户/功能引导、用户授权、路径清晰和突出重点等。

6.1.1 应用 Logo 符合钉钉要求

钉钉应用 Logo 将在开发者平台、钉钉客户端、小程序页面内展现。为了能够在众多的钉钉应用中脱颖而出，并保证在页面展现上的美观和完整性，开发者要使用清晰且大小合适的 Logo 切图。

应用 Logo 设计规范如图 6-1 所示。

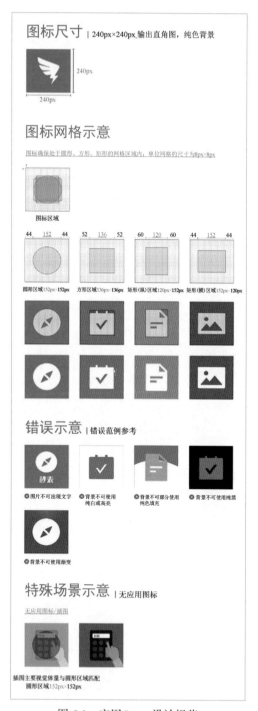

图 6-1　应用 Logo 设计规范

6.1.2　新用户/功能引导

考虑钉钉新用户第一次接触小程序时如何介绍，从而引导用户使用，避免用户不会用的问题；全新的功能、原有功能位置调整及合并等，建议使用新功能引导。

新用户引导案例示意图如图 6-2 所示。

图 6-2　新用户引导案例示意图

新功能引导案例示意图如图 6-3 所示。

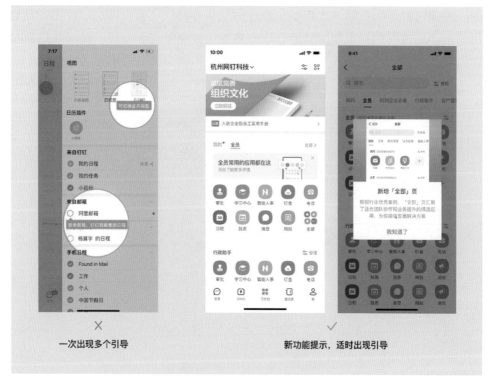

图 6-3　新功能引导案例示意图

6.1.3　用户授权

钉钉提供了标准的用户授权组件，能为用户提供更加便捷的服务，而且对页面性能的提高具有极大作用。

用户授权案例示意图如图 6-4 所示。

图 6-4　用户授权案例示意图

6.1.4　路径清晰

在用户进行某一步操作时，小程序应提供简洁、清晰的用户路径，避免用户受到目标流程之外的内容的干扰。

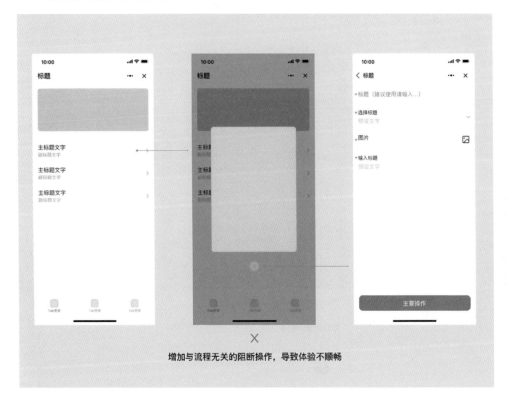

路径清晰案例示意图如图 6-5 所示。

图 6-5　路径清晰案例示意图

6.1.5　突出重点

由于手机屏幕展示的信息量有限，因此每个页面都应该明确突出重点，让用户进入页面时可以快速理解和完成任务，避免出现其他与用户决策和操作无关的干扰因素。

突出重点案例示意图如图 6-6 所示。

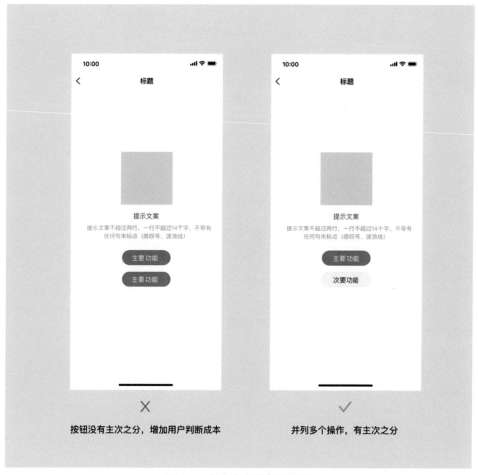

图 6-6　突出重点案例示意图

6.1.6　状态告知及引导帮助

1．异常状态

要避免出现在异常状态下，用户无法点击，而停滞在某一个页面的情况；在出现异常时应给予用户必要的状态提示，并告知解决方案，使其有路可退。

异常状态案例示意图如图 6-7 所示。

页面出现异常时给予用户状态提示，并提供对应的处理按钮

图 6-7　异常状态案例示意图

2．即时反馈

用户的每一步操作必须得到及时、明确的反馈，使用户知道某一步操作是否已经完成以及操作所产生的结果。

即时反馈案例示意图如图 6-8 所示。

对于用户的操作结果，小程序需要给予明确反馈

图 6-8　即时反馈案例示意图

3．状态可见

当用户进行某一步操作，系统无法及时给出结果反馈时，应当告知系统的现行状态。

状态可见案例示意图如图 6-9 所示。

图 6-9　状态可见案例示意图

6.1.7　容错

1. 提前告知风险

当用户在使用产品的过程中，系统要最大限度地帮助用户避免出错，当用户在执行具有破坏性的操作之前，告知用户可能存在的风险。

提前告知风险案例示意图如图 6-10 所示。

图 6-10　提前告知风险案例示意图

2. 允许反悔

小程序要保证用户在系统上有较高的自由度，让用户能随时退出操作进程，随时撤回，随时返回，随时恢复初始值，使用户能自由探索和尝试。

允许反悔案例示意图如图 6-11 所示。

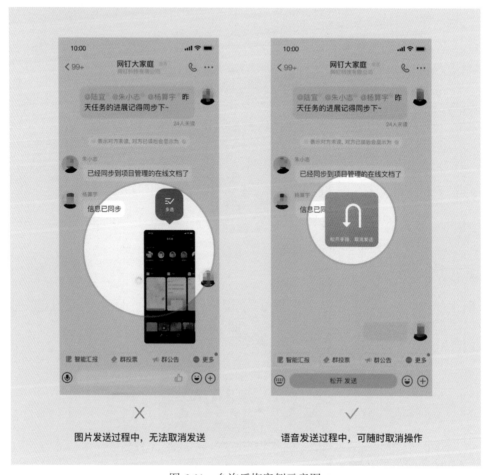

图 6-11　允许反悔案例示意图

6.1.8　平等对话

在文案中使用"你"，不使用"您"，与用户保持平等对话。

6.2　视觉规范

本节介绍视觉规范相关内容，主要包含字号、颜色、列表、按钮、图标。

6.2.1　字号

字号规范如图 6-12 所示。

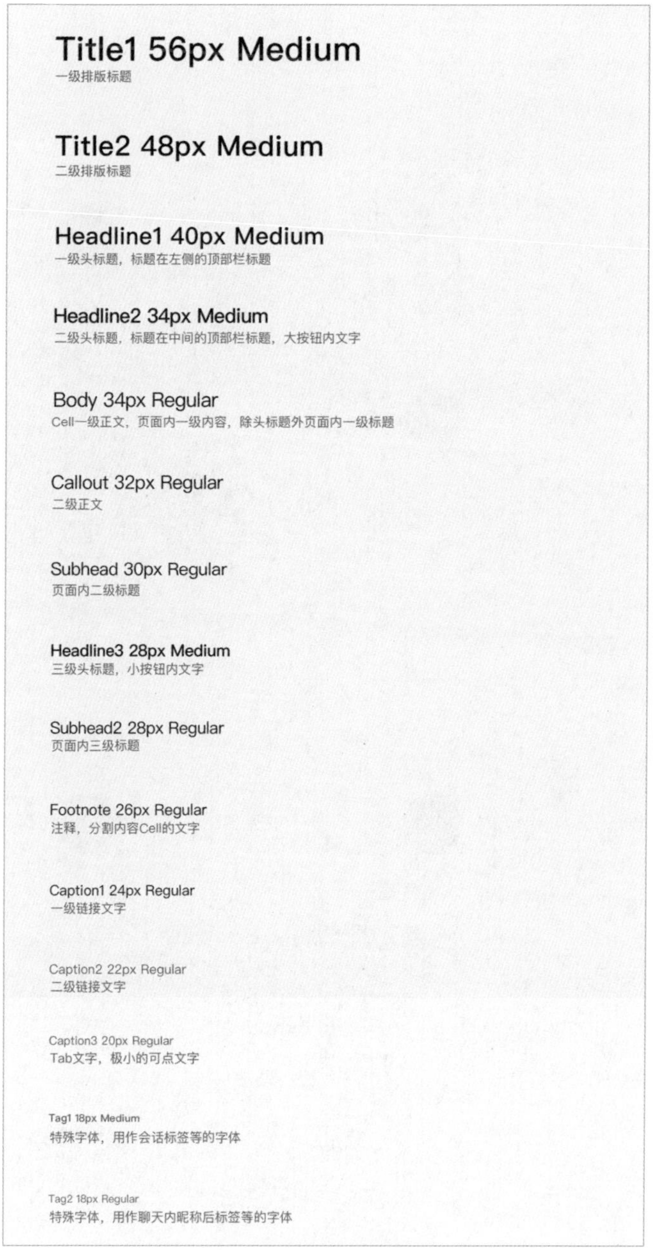

Title1 56px Medium
一级排版标题

Title2 48px Medium
二级排版标题

Headline1 40px Medium
一级头标题，标题在左侧的顶部栏标题

Headline2 34px Medium
二级头标题，标题在中间的顶部栏标题，大按钮内文字

Body 34px Regular
Cell一级正文，页面内一级内容，除头标题外页面内一级标题

Callout 32px Regular
二级正文

Subhead 30px Regular
页面内二级标题

Headline3 28px Medium
三级头标题，小按钮内文字

Subhead2 28px Regular
页面内三级标题

Footnote 26px Regular
注释，分割内容Cell的文字

Caption1 24px Regular
一级链接文字

Caption2 22px Regular
二级链接文字

Caption3 20px Regular
Tab文字，极小的可点文字

Tag1 18px Medium
特殊字体，用作会话标签等的字体

Tag2 18px Regular
特殊字体，用作聊天内昵称后标签等的字体

图 6-12　字号规范

6.2.2　颜色

颜色规范如图 6-13 所示。

225

主题色

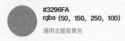

#3296FA
rgba (50, 150, 250, 100)

通用主题背景色

辅助颜色

#F25643
rgba (242, 86, 67, 100)

通用警示文字颜色（红）
通用警示背景色（红）
通用背景红色
直接赋色值

#FEE151
通用背景黄色
根据业务场景添加key

#15BC83
通用背景绿色
根据业务场景添加key

#FF943E
rgba (255, 148, 62, 100)

通用次警示文字颜色（橙）
通用警示背景颜色（橙）
通用背景橙色
直接赋色值

#576A95
通用文字链接颜色
key: common_link_text_color

文字颜色

辅助中性色–透明度（推荐）–文字

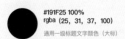

#191F25 100%
rgba (25, 31, 37, 100)

通用一级标题文字颜色（大标）

#191F25 72%
rgba (25, 31, 37, 72)

特殊通用彩色背景下一级文字颜色

#191F25 56%
rgba (25, 31, 37, 56)

通用二级文字颜色，标题文字颜色（中等）

#191F25 40%
rgba (25, 31, 37, 40)

通用三级文字颜色，副标题文字颜色（副标）

#191F25 28%
rgba (25, 31, 37, 28)

通用四级文字颜色（小标）
预填文案颜色
不可点文字label的颜色

#FFFFFF
rgba (255, 255, 255, 100)

通用白色文字颜色

#FFFFFF 40%
rgba (255, 255, 255, 40)）

通用白色不可点击文字颜色

背景&分隔线

#191F25 12%
rgba (25, 31, 37, 12)

按钮边框线颜色，顶部、底部栏分隔线颜色

#191F25 8%
rgba (25, 31, 37, 8)

通用一级分隔线颜色，用于不同类型区块的分隔

#191F25 4%
rgba (25, 31, 37, 4)

通用二级分隔线颜色，用于同类型区块的分隔

#F6F6F6
rgba (246, 246, 246, 100)

通用页面背景色

#FFFFFF
rgba (255, 255, 255, 100)

通用内容卡片背景色
通用主题前景色
通用卡片背景色

图 6-13　颜色规范

6.2.3 列表

列表作为常用组件，可提供如图 6-14 所示的样式。

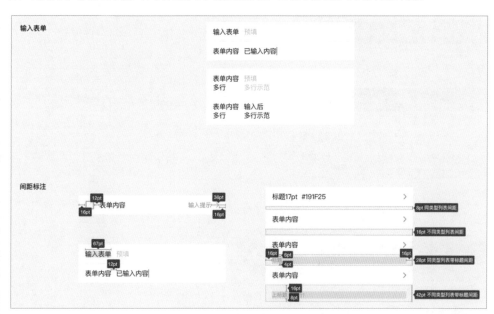

图 6-14 列表样式

在列表左侧可选择是否添加 icon，尺寸为 24pt×24pt。同时，在列表右侧可添加红点、输入提示或开关。

图 6-15 所示为输入表单及间距标注。默认表单内容单行不超过 4 个字，超出后可换行。默认的输入内容的文字颜色比输入后内容的文字颜色要浅。

图 6-15 输入表单及间距标注

6.2.4　按钮

1．定义

按钮是指针对页面及模块内容的功能操作控件，可以对用户的点击行为做出反应，实现即时操作。按钮可分为页面层级按钮和模块层级按钮。

按钮不具备字体放大功能。

2．使用规则

（1）标准按钮分为主要按钮、次要按钮和模块按钮三大类。

（2）一个页面中只能有一个主要按钮。

3．页面层级按钮

页面层级按钮用于承担整个页面的主操作，引导前往下一个主流程。

如图 6-16 所示，页面层级按钮分为主要操作、辅助操作和警告操作三类。辅助操作按钮不可单独出现。

高度固定为 48pt，圆角尺寸为 3pt，描边尺寸为 0.5pt。

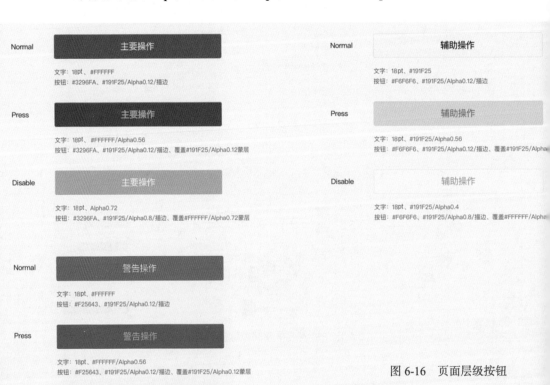

图 6-16　页面层级按钮

4．主功能层级按钮

（1）当使用主要按钮会扰乱页面信息，或者主要按钮行动点过重时，可使用次要按钮。

（2）按钮内文本左右边距最小为 16pt，最大不限。

（3）高度固定为 36pt，圆角尺寸为 3pt，描边尺寸为 0.5pt。

（4）蓝色填充按钮：优先级高，希望用户操作，强引导。

（5）蓝色幽灵按钮：优先级较弱，用户可操作也可不操作，弱引导。

（6）灰色辅助按钮：优先级最低，并不希望用户离开当前页面。

主功能层级按钮如图 6-17 所示。

图 6-17　主功能层级按钮

5．模块层级按钮

（1）模块层级按钮是指对页面中某一个模块进行操作，一个页面中可能有多个模块。

（2）按钮内文本左右边距最小为 16pt，最大不限。

（3）高度固定为 32pt，圆角尺寸为 2pt，描边尺寸为 0.5pt，字体大小为 13pt。

模块层级按钮如图 6-18 所示。

图 6-18　模块层级按钮

6．文字按钮

文字按钮的规范如图 6-19 所示。

	Normal	Press	Disable	Expand		Hot Area 16pt
大尺寸 页面层级	大尺寸Normal	大尺寸Press	大尺寸Disable	▽ 大尺寸 图标大小为20pt	大尺寸 ∨	大尺寸Normal ⊥8pt
中尺寸 功能层级	中尺寸Normal	中尺寸Press	中尺寸Disable	▽ 中尺寸 图标大小为20pt	中尺寸 ∨	左边上下边距同上
小尺寸 文字链接	小尺寸Normal	小尺寸Press	小尺寸Disable			左边上下边距同上

图 6-19　文字按钮的规范

7．按钮布局

信息页按钮：单纯展示信息的页面按钮，放置于页面底部，主要按钮放置于页面右边，如图 6-20 所示。

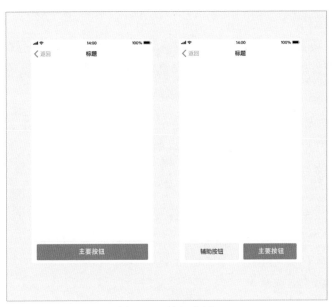

图 6-20　按钮布局

8．信息页按钮（无白底）

按钮底部的白色框架可能影响视觉效果，也可使用无白底的样式，但是要确保按钮与内容分离，不要重叠在一起，如图 6-21 所示。

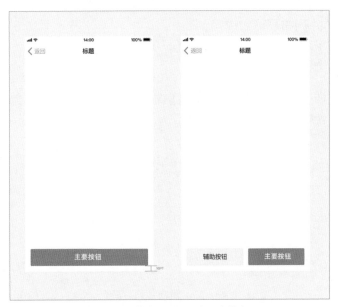

图 6-21　信息页按钮（无白底）

9．列表按钮

列表按钮紧随最后一个控件，不放置于页面底部，主要按钮放在右上角。按钮距上一个控件的距离为 32pt，如图 6-22 所示。如果列表很长，则可以不使用按钮。

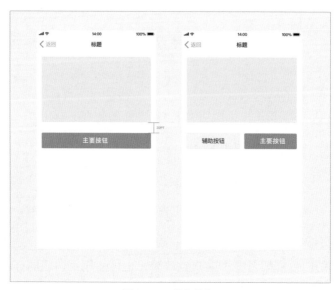

图 6-22　列表按钮

10．横向并列布局

同类型的多个按钮的布局方向应具有统一性，通常情况下以右侧页面边距为基准向左排列，如图 6-23 所示。

当采用横向并列布局时，按钮宽度应根据按钮内容自适应并合理布局保持信息层级清晰，按钮内容应简要、明确。

图 6-23　横向并列布局

6.2.5 图标

1. 风格

图标的设计风格要求基础语义明确，无多余装饰，整体方正，避免过于圆润。图标风格包括线性和填充两种，如图 6-24 所示。

图 6-24　图标风格示例

2. 栅格和尺寸

图标统一绘制在48px×48px的画布内，线条宽度为3px（特殊情况下可为4px），圆角尺寸最大为3px。

图标按照应用场景等比例缩放，尺寸限定如图 6-25 所示。

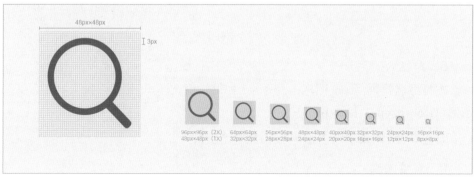

图 6-25　图标尺寸限定

3. 绘制规范

图标绘制规范：以 40px×40px 大小为基础，设计完成后，可参照现有的图标，对比体量感，保证图标体量上的相等，如图 6-26 所示。

图 6-26　图标绘制规范

4．颜色

图标颜色如图 6-27 所示。

图 6-27　图标颜色

5．命名

图标命名规则：icon_图标本身含义（如果是填充样式，则统一加上_fill 后缀）。示例：icon_phone、icon_phone_fill。

禁止在命名中使用中文、阿拉伯数字、空格。

6．状态图标

状态图标一般用于结果页面的状态提示，如图 6-28 所示。

图 6-28　状态图标

7. 应用图标设计

每个应用程序都需要有一个美观而令人难忘的图标，以引起用户的注意，并在主屏幕上脱颖而出。应用图标是第一次与用户沟通的图标，务必重点设计，如图6-29所示。

图 6-29 应用图标

钉钉小程序图标设计规范如表 6-1 所示。

表 6-1　钉钉小程序图标设计规范

规　范	描　述
简洁明了	应用图标通常情况下在移动端会进行不同程度的缩小，所以在设计时要非常注重图形的简洁性，避免出现以小尺寸展示时清晰度不足不能被识别的情况，并且简洁的图形设计方式也会提升图标的设计品质
表意准确	优秀图标的首要设计前提是表意准确，能让用户一眼识别出它所代表的含义。所以设计者应当高度提炼产品特色，找到最能代表产品属性的图形元素，并对这个元素进行突出设计
具有差异性	同类型的产品有很多种，应用图标大同小异，要想让你的应用从众多的同类产品中脱颖而出，必须在突出产品核心功能的同时表现出差异性，避免视觉同质化
品牌延续	具有品牌效应的产品，应充分利用其品牌图标，该产品已经建立起非常强大的品牌印象和品牌影响力，并具有超强的品牌识别度。所以在设计应用图标时应当充分地利用已有的品牌形象，让品牌继续发挥作用并且让品牌形象延续从而赋予品牌更强的生命力
避免使用文字	使用文字作为应用图标的设计手法比较简单，但当文字太多时只能在有限的空间内将文字缩小展示，导致应用图标看起来拥挤且很难看清楚。大量使用文字的另一个后果是会大大降低应用图标的设计美感，不仅不能使用户产生良好的印象反而会给用户带来反感
不要使用照片	在设计应用图标时不要直接使用照片。照片是位图，位图缩放容易损失质量，用来设计图标会带来一系列潜在的问题。照片的作用在于为图标设计提供创意、灵感，而不是直接用于图标的设计创作。矢量图则可以无损地缩放，所以对于图标设计来说，矢量图是最合适的

6.3 设计走查表

本节介绍设计走查表的相关内容，包括基本原则和更好的体验两部分。建议在设计过程中对照设计走查表进行自查，避免开发后期遇到各种问题。

6.3.1 基本原则

表 6-2 所示为钉钉应用设计基本原则。

表 6-2 钉钉应用设计基本原则

序 号	基 本 原 则	说 明
1	应用 Logo 清晰可见	钉钉应用 Logo 将在开发者平台、钉钉客户端、小程序页面内展现。为了能够在众多的钉钉应用中脱颖而出，要使用清晰、大小合适的 Logo 切图，以保证在页面展现上的美观和完整性
2	针对新用户/功能做引导设计	考虑钉钉新用户第一次接触时如何介绍并引导用户使用，避免用户不会用的问题；全新的功能、原有功能位置调整合并等，建议使用新功能引导
3	调用钉钉标准用户授权组件	钉钉提供了标准的用户授权组件，能为用户提供更加便捷的服务
4	各场景下的用户路径要清晰	在用户进行某一步操作时，系统应当提供简洁、清晰的用户路径，避免用户受到目标流程之外的内容的干扰
5	关键信息突出且无干扰	由于手机屏幕展示的信息量有限，因此每个页面都应该明确突出重点，让用户进入页面时，可以快速理解和完成任务，避免出现其他与用户决策和操作无关的干扰因素
6.1	针对异常状态进行设计	要避免出现在异常状态下，用户莫名其妙又无处可去，停滞在某一个页面的情况；在出现异常时给予用户必要的状态提示，并告知解决方案，使其有路可退
6.2	针对用户操作进行反馈设计	用户的每一步操作必须得到及时、明确的反馈，使用户知道某一步操作是否已经完成以及操作所产生的结果
6.3	针对异步操作进行状态设计	当用户进行某一步操作，系统无法及时给出结果反馈时，应当告知用户系统的现行状态
7.1	某些操作需要提前告知用户风险	当用户在使用产品的过程中，最大限度地帮助用户避免出错，在执行具有破坏性操作之前，告知用户可能存在的风险
7.2	某些操作允许用户反悔	保证用户在系统上有较高的自由度，让用户能随时退出操作进程，随时撤回，随时返回，随时恢复初始值，使用户能自由探索和尝试
8	保持与用户平等对话	在文案中使用"你"，不使用"您"，保持与用户平等对话

237

6.3.2　更好的体验

为了使用户有更好的体验，开发者可遵循表 6-3 中的体验原则来进行钉钉应用设计。

表 6-3　体验原则

序号	原则	说明
1	各层级的组件保持统一	建议接入钉钉的应用时刻注意不同页面间的统一性和延续性，在不同的页面尽量使用一致的方案、组件和交互方式。统一的页面体验和有延续性的页面元素都将帮助用户花费最少的学习成本达成使用目标，减轻页面跳动所造成的不适感。为方便设计师进行设计，钉钉提供了一套应用基础组件，合理地使用这些组件可达到统一、稳定的目的，同时方便开发者直接调用资源
2.1	功能图标视觉表现保持统一	图标可辅助页面传达信息。图标应简洁、辨识性强，且同一服务主体中的图标应保持风格的一致性
2.2	页面色彩使用上要清晰合理	钉钉提供了一系列官方配色方案，为了更好地实现视觉连续性，传达状态信息，保证良好的色彩体验，建议开发者参考官方配色方案
2.3	页面视觉元素（图标、字体、间距等）统一	页面中元素布局的统一可以保证页面的一致性，不仅使页面整洁有序还增强了信息的可靠性

6.3.3　上钉体验细则

完成相关的体验自查内容后，如果希望进一步与钉钉的体验更加紧密结合。可以遵循表 6-4 进行自检验收。

表 6-4　小程序上钉体验审核细则

审核类别		体验审核细则	1分 功能具备但体验欠缺；建议修改体验问题	+1分 功能具备，无重大体验问题；可进一步考虑提升至钉钉标品	+2分 恭喜·符合钉钉标品体验标准
完善的产品服务链路 为了保障用户可以顺畅地完成产品使用体验，钉钉需要在各个用户使用阶段提供完善的服务	前期	用户触达用户可以便捷地找到钉钉所提供的服务，并且在使用产品过程中不迷失方向	1. 触达用户的入口清晰易找；2. 导航清晰不易迷失方向	触达用户的入口不清晰；产品导航语言和结构不统一	触达用户的入口清晰；产品导航语言和结构基本统一	在满足 2 分的基础上，充分提供符合钉钉规范的运营物料

续表

审 核 类 别			体验审核细则	1分 功能具备但体验欠缺；建议修改体验问题	+1分 功能具备，无重大体验问题；可进一步考虑提升至钉钉标品	+2分 恭喜·符合钉钉标品体验标准
完善的产品服务链路 为了保障用户可以顺畅地完成产品使用体验，钉钉需要在各个用户使用阶段提供完善的服务	前期	用户引导 用户在首次使用钉钉服务时，应给予友好的指引	1. 友好的新用户引导； 2. 友好的新功能引导； 3. 易发现的使用指南	有新用户引导和新功能引导，但无使用指南	有完整的新用户引导和新功能引导，有使用指南	新用户引导和新功能引导较友好，且秉承避免打扰用户的原则；有使用指南，且易发现
	中期	用户核心路径 用户在使用钉钉服务时，核心路径顺畅且响应及时	A1. 明确的核心路径行动点； A2. 点击操作响应区域不低于44px标准； A3. 操作内容有即时反馈； B1. 明确的步骤引导； B2. 重大/危险操作有二次确认； B3. 支持中断/取消操作； C1. 不同角色间任务衔接顺畅合理	满足细则中的A类要求，且用户能够完成任务	满足细则中的A、B类要求，且用户完成任务链路合理	满足细则中的A、B、C类要求，且用户完成链路顺畅高效
		异常情况 当钉钉服务出现异常反应时，应及时为用户提供帮助	A1. 零数据情况引导； A2. 清晰的错误提示； B1. 弱网状态展示	满足细则中的A类要求；在常见异常情况下，能够为用户提供帮助	满足细则中的A、B类要求；在大多数异常情况下，能够为用户提供帮助	满足细则中的A、B类要求；能够预判用户遇到的问题，为用户提供帮助

续表

审　核　类　别			体验审核细则	1分 功能具备但体验欠缺；建议修改体验问题	+1分 功能具备，无重大体验问题；可进一步考虑提升至钉钉标品	+2分 恭喜·符合钉钉标品体验标准
一致的D-Design设计语言 为了让用户在钉钉内拥有始终如一的体验，开发者需要使用一致的钉钉设计语言	中期	组件规范 开发者在设计应用时能遵循组件规范，保证钉钉内用户交互体验一致	组件涉及的所有应用场景需依次查找并遵循如下规范：各端规范	具备多端体验	适配多端体验	针对不同端的特性，完善体验细节
			框架规范	使用框架规范	使用框架规范；参考钉钉页面布局	使用框架规范；严格遵循钉钉页面布局
			详细组件规范	A类组件涉及的业务场景，完全使用如下钉钉组件： a. 按钮； b. 列表； c. 弹窗； d. 菜单； e. 抽屉； f. 输入表单	A类组件涉及的业务场景，完全使用如下钉钉组件： a. 按钮； b. 列表； c. 弹窗； d. 菜单； e. 抽屉； f. 输入表单。 B类组件涉及的业务场景，参考使用如下钉钉组件： a. 标签； b. 红点； c. 开关； d. 分段控制器； e. 面包屑； f. 搜索； g. 选项卡； h. 短提示； i. 可操作提示； j. 空页面	所有业务场景均使用钉钉组件；组件涵盖不到的业务场景，也在钉钉规范的指导下进行部分调整

续表

审 核 类 别			体验审核细则	1分 功能具备但体验欠缺；建议修改体验问题	+1分 功能具备，无重大体验问题；可进一步考虑提升至钉钉标品	+2分 恭喜·符合钉钉标品体验标准
一致的 D-Design 设计语言 为了让用户在钉钉内拥有始终如一的体验，开发者需要使用一致的钉钉设计语言	中期	视觉规范 开发者在设计应用时能遵循视觉语言规范，保证钉钉内视觉体验一致	A1. 遵循颜色规范； A2. 遵循图标设计规范； B1. 遵循排版规范； B2. 遵循阴影规范； B3. 遵循圆角规范； B4. 遵循间距规范	满足细则中的 A 类要求	满足细则中的 A、B 类要求，且整体视觉风格和钉钉基本一致	满足细则中的 A、B 类要求，且整体视觉风格和钉钉高度一致并支持darkmode颜色图标适配
		文案规范 产品文案能遵循文案规范，保证钉钉内文案口吻礼貌一致	1. 表述一致：表述同一事物的词语保持统一；相同的操作名称保持统一； 2. 友好尊重：文案从用户的利益角度进行表述； 3. 行业化：具备行业化特征，使用用户熟悉的语言进行表述	满足细则中的第 1 项，文案表述基本一致	满足细则中的前 2 项，文案表述一致且延续钉钉友好尊重的口吻	完全满足细则，文案表述与钉钉完全一致，且具备行业化特征
满足多角色场景 不同角色在使用钉钉服务时，钉钉应当尽量满足用户的个性化诉求		多角色路径及权限 不同角色在协作时，任务衔接顺畅高效，且满足不同角色的诉求和体验	1. 各个角色之间的权责清晰易懂； 2. 角色内容变更有固定的通知	有多角色，且主角色的使用路径顺畅	有多角色，且不同角色的使用路径顺畅	不同角色的使用路径清晰，且满足不同角色的个性化诉求

第7章

钉钉小程序实战：抽奖助手

抽奖是企业内部用于活跃气氛的一个有趣的活动，本章所创建的抽奖助手小程序可以具备日常抽奖基本功能。本章所用代码可通过钉钉开放平台 GitHub 仓库获取：链接 7。

7.1 准备工作

在开始创建抽奖助手小程序之前，首先要完成以下准备工作。

- 在钉钉开发者后台完成钉钉开发者的注册与激活并拥有子管理员和开发者权限。若尚未完成，可参考钉钉开放平台官方网站成为钉钉开发者部分进行操作。

- 安装 node.js 开发环境。若尚未完成，可访问 node.js 中文官方网站进行下载并安装。

- 下载并安装小程序开发者工具（IDE）。

7.2 设计思路

本节介绍抽奖助手小程序的设计思路。

7.2.1 功能分析

日常抽奖会包括哪些功能呢？在抽奖助手小程序中，共有两种角色：发起抽奖者、参与抽奖者。发起抽奖者需要在抽奖平台上发起抽奖、设置抽奖规则（如抽奖时间、中奖人数等），以及对奖品进行配置。参与抽奖者要参与抽奖，而且需要看到参与抽奖的情况，如是否中奖等。

综上所述，抽奖助手小程序需要具备以下功能。

（1）发起抽奖，包括设置抽奖规则、公开奖品信息等。

（2）参与抽奖，包括在参与的抽奖活动中是否中奖、获得的奖品信息等。

7.2.2 功能开发设计

在分析完抽奖助手小程序需要具备的功能之后，下面进行开发设计。

1. 抽奖首页功能开发设计

我们将用户最希望看到的重要信息放在首页。根据上一节的分析，抽奖助手小程序需要具备发起抽奖和参与抽奖的功能，我们把这两大功能并列放在抽奖助手小程序的首页中，如图 7-1 所示，用户可以通过点击头部 tab 进行展示切换。那么在默认情况下展示哪个功能呢，是发起抽奖还是参与抽奖？最好的解决方案是对当前用户进行角色化展示。对于发起抽奖者而言，页面展示发起抽奖；对于参与抽奖者而言，页面展示参与抽奖。从发起抽奖者和参与抽奖者的用户数目比例来看，前者远不如后者。因为在一个奖项发布时，发布者往往只有一个，而参与者人数一般远远大于发布者。在本章开发的抽奖助手小程序中，默认展示"我参与的抽奖"页面，角色化展示功能留给开发者自行拓展。

在每个页面上，展示相应的参与抽奖和发起抽奖的列表，在"我发起的抽奖"页面中，还需要有一个重要的功能——发起抽奖，"发起抽奖"按钮通过固定按钮的形式给出，如图 7-2 所示。

图 7-1 抽奖助手小程序首页设计 　　图 7-2 "我参与的抽奖"与"我发起的抽奖"页面

2. 其他页面功能开发设计

首页功能设计好之后，下面对其他页面功能进行开发设计，完善抽奖助手小程序的日常功能。

在"我发起的抽奖"页面中：

① 发起抽奖者通过点击"发起抽奖"按钮进入"抽奖"设置页面发起一次抽奖。

② 点击发起的抽奖列表，可进入"抽奖详情"页面查看已发起的抽奖详情。

首先对第 1 个功能进行分析，在"抽奖"设置页面中，发起抽奖者可以设置与抽奖相关的所有信息，包括抽奖信息和奖品配置。抽奖信息包括抽奖标题、开始时间、结束时间、每人抽奖次数、规则说明等；奖品配置则包括奖品名称、奖品数量和中奖率。

"抽奖"设置页面如图 7-3 所示。

其次对第 2 个功能进行分析。设计好相应的抽奖配置后，发起抽奖者通过点击发起的抽奖列表可进入"抽奖详情"页面查看或修改相关抽奖配置信息，以及邀请抽奖用户参与本次抽奖，如图 7-4 所示。

图 7-3 "抽奖"设置页面

图 7-4 "抽奖详情"页面

发起抽奖者通过"抽奖结果"页面可以查看对应抽奖的抽奖结果，"抽奖结果"
页面中展示的抽奖数据包括抽奖人数、抽奖人次、中奖人数、中奖人次，展示的
中奖信息包括中奖者姓名、部门、礼品、中奖时间、是否中奖，如图 7-5 所示。

图 7-5 "抽奖结果"页面

综上所述，我们将开发的抽奖助手小程序包括 4 个页面，分别是抽奖首页、"抽奖"设置页面、"抽奖详情"页面、"抽奖结果"页面。

7.3 开发流程

本节将介绍抽奖助手小程序的开发流程。

7.3.1 创建应用

本节在钉钉开发者后台（位于钉钉开发平台页面中）创建一个小程序应用，并完成基础配置。

（1）登录钉钉开发者后台。只有管理员和子管理员才可登录钉钉开发者后台。

（2）在如图 7-6 所示的钉钉开发者后台页面中，选择"应用开发"→"企业内部开发"选项，然后点击"创建应用"按钮。

图 7-6　钉钉开发者后台

（3）在弹出的"创建企业内部应用"页面中填写基本信息并选择应用类型和开发方式，然后点击"确定创建"按钮，如图 7-7 所示。

图 7-7　"创建企业内部应用"页面

（4）如图 7-8 所示，选择"人员管理"选项，然后点击"添加人员"按钮添加开发人员。

图 7-8　添加开发人员

> **说 明**
>
> 应用创建后，默认开发人员为应用创建者。只有在这里添加了开发人员，开发人员才可以在 IDE 中关联这个应用。

（5）选择"权限管理"选项进入"权限管理"页面，然后根据以下配置添加通讯录接口权限。

> **说 明**
>
> 在实战案例中需要调用接口获取用户的姓名和 userId，所以需要先添加通讯录接口权限。

- 权限范围选择全部员工，然后选择通讯录管理。
- 如图 7-9 所示，选择"通讯录部门信息读权限"和"通讯录部门成员读权限"列表，然后点击"申请权限"链接。

247

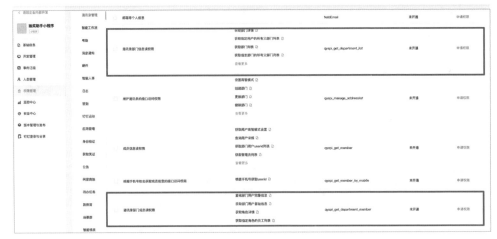

图 7-9　申请通讯录权限

7.3.2　小程序开发初始化

本节将完成小程序前端的配置。

（1）打开 IDE，点击"+"按钮新建小程序，如图 7-10 所示。

图 7-10　新建小程序

（2）如图 7-11 所示，首先在选择端选择"钉钉"选项，然后点击"下一步"按钮。

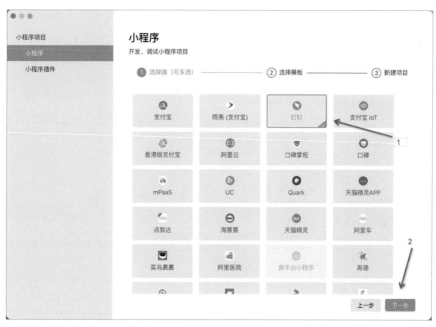

图 7-11　选择端

（3）如图 7-12 所示，选择空白模板，然后点击"下一步"按钮。

图 7-12　选择空白模板

（4）新建项目，将"类型选择"设置为"企业内部应用"，"项目名称"设置为 lottery，选择一个项目路径，然后点击"完成"按钮，如图 7-13 所示。

图 7-13　新建项目

（5）如图 7-14 所示，点击右上角的"登录"按钮，然后使用钉钉扫码登录。

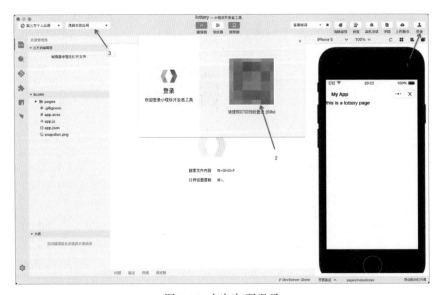

图 7-14　钉钉扫码登录

（6）登录成功后点击左上方按钮选择关联应用，这里选择之前创建的抽奖助手小程序。至此，小程序开发初始化工作完成。

7.3.3 功能开发

本节介绍抽奖助手小程序的各个页面的功能开发。在7.2.2节中已介绍，我们将开发的抽奖助手小程序包括4个页面，分别是抽奖首页、"抽奖"设置页面、"抽奖详情"页面、"抽奖结果"页面。

在IDE右侧的模拟器中，可以看到当前默认的钉钉小程序标题是My App。在app.json文件中，将window属性中defaultTitle的值修改为"抽奖"。

```
{
  "pages": [
    "pages/index/index",
  ],
  "window": {
    "defaultTitle": "抽奖"
  }
}
```

下面对各个页面的功能进行开发。

1．抽奖首页

当前默认首页文件夹路径为pages/index。

（1）打开首页文件夹中的index.axml文件，先增加头部tab，如图7-15所示。当页面显示时，在onShow内获取列表数据。

.axml示例代码：

```
<!-- index.axml -->
<!-- 头部tab -->
<view class="header">
  <view class="{{tabkey == index ? 'header-item active' : 'header-item'}}"
a:for="{{tab}}" data-key="{{index}}" onTap="changeTabKey">
    <text>{{item}}</text>
  </view>
</view>
```

图 7-15 未获取数据的抽奖首页

.js 示例代码：

```
Page({
  data: {
    tab: ['我参与的抽奖', '我发起的抽奖'],
    tabkey: 0,
    list: []
  },
onShow(query) {
    // 页面显示
    this.getData()
  },

  // 切换 tab
  changeTabKey(event) {
    this.setData({
      tabkey: event.target.dataset.key
    }, (res) => {
      this.getData()
```

```
    })
  },
// 获取列表数据
  getData() {


  }
});
```

.acss 示例代码：

```
/* index.acss */
.page-index {
  background-color: #f6f6f6;
}
/* 头部 tab 样式 */
.header {
  width: 100%;
  height: 96rpx;
  box-sizing: border-box;
  background-color: #fff;
  border-bottom: 2rpx solid #e6e7e7;
  border-top: 2rpx solid #f6f6f6;
}
.header-item {
  display: inline-block;
  box-sizing: border-box;
  margin-bottom: -2rpx;
  width: 50%;
  height: 96rpx;
  line-height: 96rpx;
  text-align: center;
  font-size: 30rpx;
  color: rgba(25,31,37,0.40);
  letter-spacing: -0.48rpx;
  border-bottom: 4rpx solid transparent;
}
.header-item.active {
  color: #3296FA;
  border-bottom: 4rpx solid #3296FA;
}
```

（2）请求和获取 mock 数据。

在响应切换头部 tab 的 changeTabKey 函数的 setData 回调方法中通过 getData 方法获取抽奖列表数据，那么如何向服务端发起请求获取数据呢？我们先封装一个发起请求的基础函数。如图 7-16 所示，新建一个 util 文件夹，在该文件夹中新建一个 request.js 文件。

图 7-16　新建 request.js 文件

示例代码：

```
// request.js
import { getMockData } from '../mock'

const mock = true

const request = async ({url, type, params}) => {
  const baseUrl = ''

  if (mock) {
    if (url.indexOf('?') !== -1) {
      url = url.split('?')[0];  // 先去掉 query，使用随机 mock 的数据
    }
    return new Promise((resolve, reject) => {
      setTimeout(() => {
        const data = getMockData(url, params)
        resolve(data)
      }, 100)
    })
  }

  return new Promise((resolve, reject) => {
    //设置默认数据传输格式
```

```
let methonType = "application/json"
const method = type || 'GET'
//判断请求方式
if (method === 'PUT') {
  const p = Object.keys(params).map(function(key) {
    return encodeURIComponent(key) + "=" + encodeURIComponent(params[key])
  }).join("&")
  url += '?' + p
  params = {}
}
if (method == "POST") {
  methonType = "application/json"
}
//验证基础库
if (dd.httpRequest) {
  //开始正式请求
  dd.httpRequest({
    url: baseUrl + url,
    method: method,
    headers: {
      'content-type': methonType,
    },
    data: JSON.stringify(params),
    timeout: 10000,
    //成功回调
    success: (res) => {
      if(res.status === 200){
        resolve(res.data)
      } else {
        dd.showToast({
          type: 'fail',
          content: res.data.message,
          duration: 5000,
          success: () => {
          },
        })
        reject('请求异常')
      }
```

```
    },
    //错误回调
    fail(error) {
      dd.showToast({
        type: 'fail',
        content: error.errorMessage,
        duration: 5000,
        success: () => {
        },
      })
      reject(error)
    },
  })
} else {
  // 如果希望用户在最新版本的客户端上体验你的小程序，则可以给出如下提示
  dd.alert({
    title: '提示',
    content: '当前钉钉版本过低，无法使用此功能，请升级到最新版本'
  })
}
})
}

export default request
```

dd.httpRequest 用于发起网络请求，dd.showToast 用于展示请求成功或失败的提示。

对基础请求进行简单的封装之后，接着完善首页 page/index/index.js 中获取数据的逻辑。

```
getData() {
  this.setData({
    list: []
  })
  request({
    url: !this.data.tabkey ? 'api/user/joinLottery' : 'api/user/ownLottery',
    type: 'get',
  }).then(res => {
    this.setData({
```

```
        list: [...res.data.list] || []
      })
    })
  },
```

其中，'api/user/joinLottery'和'api/user/ownLottery'分别表示获取参与的抽奖和发起的抽奖列表数据接口。

在本次小程序实战案例中，我们采用 mock 数据的形式进行开发。在实际项目生产开发中，开发者可以将请求对应的后端 url 替换成真实的接口 url。

下面我们介绍利用 mockjs 库配置 mock 数据的能力。

① 执行 npm init 命令初始化项目，按照默认配置一直按回车键初始化项目或按照提示进行相应配置。初始化完成后，项目文件夹内将新增 package.json 文件。

② 执行 npm install mockjs --save 命令安装并保存 mockjs 依赖。

③ 如图 7-17 所示，新建 mock.js 文件，进行 mock 数据的配置。

图 7-17　新建 mock.js 文件

示例代码：

```
// mock.js
const Mock = require('mockjs')
const Random = Mock.Random

const listData = Mock.mock({
    // 属性 list 的值是一个数组，其中包括元素 1~10
    'list|1-10': [{
        // 属性 id 是一个自增数，起始值为 1，每次增 1
```

```
        '_id|+1': 1,
        'winTime|1': ['2021/06/15 18:00', '2021/06/16 05:00'],
        'isWinnig|1': [0, 1], //从属性值数组中按顺序选取 1 个元素，作为最终值
        'prizes|1-2': [
            {
              title: '端午节礼物',
              count: 1,
            }
        ], // 通过重复属性值数组生成一个新数组，重复次数大于或等于min，小于或等于max
        'title': '钉钉开放平台开发者抽奖'
    }]
})

const lotteryDetailData = Mock.mock({
  lottery: [
    {
      'title': '钉钉开放平台抽奖',
      'end_time|1': ['2021/06/15 18:00', '2021/06/16 05:00'],
      'start_time|1': ['2021/06/15 18:00', '2021/06/16 05:00'],
      'lot_times|1': [1, 2, 3, 4, 5],
      'winning_once|1': [0, 1],
      'rule_desc|1-3': '钉钉开放平台开发者均可参与。'
    }
  ],
  'prizes|1-2': [
    {
      'title': '端午节礼物',
      'count': 1,
      'totalCount': 100,
      'probability': 0.1,
    }
  ],
})

const LotteryResultData = Mock.mock({
  'records|2-5': [
    {
      'name|1': ['钉三多', '小河马', '大蚂蚁'],
```

```
      'time|1': ['2021/06/15 18:00', '2021/06/16 05:00'],
      'isWinnig|1': [false, true],
      'department|1': ['人事', '财务', 'IT', '行政'],
      'prizes': [{
        'title': '礼盒',
        'count': Random.integer(1, 10),
      }]
    }
  ],
  'userCount': Random.integer(1, 5),
  'lotteryCount': Random.integer(1, 5),
  'winningUserCount': Random.integer(1, 5),
  'winnignCount': ['钉三多', '小河马', '大蚂蚁']
})

const draw = Mock.mock({
  'prizes': [{
    'title': '礼盒',
    'count': Random.integer(1, 10),
  }],
  'leftDrawCount': Random.integer(1, 10),
})

const luckLottery = Mock.mock({
  'lotteryInfo': {
    'lottery': [
      {
        'title': '钉钉开放平台抽奖',
        'end_time|1': ['2021/06/15 18:00', '2021/06/16 05:00'],
        'start_time|1': ['2021/06/15 18:00', '2021/06/16 05:00'],
        'lot_times|1': [1, 2, 3, 4, 5],
        'winning_once|1': [0, 1],
        'rule_desc|1-3': '钉钉开放平台开发者均可参与。'
      }
    ]
  },
  'prizes': [{
    'title': '礼盒',
```

```
    'count': Random.integer(1, 10),
  }],
})

export const prizeSchema = {
  lotteryId: '1',
  title: '端午节钉钉全员抽奖活动',
  probability: '1', // 中奖概率
  totalCount: '30',
  leftCount: '20', // 剩余奖品数
  created_at: Date.now(),
  update_at: Date.now()
}

export const lotterySchema = {
  title: '蛋黄味粽子',
  start_time: Date.now(),
  end_time: Date.now() + 10000,
  lot_times: 3,        // 抽奖机会
  winning_once: 1,     // 是否只中奖一次, 1为中奖一次, 0为中奖多次
  rule_desc: '钉钉开放平台',
  creator: '1',
  creatorName: 'xing',
  agent_id: '1', // 不同小程序的agentId
  created_at: Date.now(),
  update_at: Date.now(),
}

export const userLotterySchema = {
  lotteryId: '123',
  userId: '123',
  time : Date.now(),
  drawTimes: 3,   // 抽奖的次数
  isWinnig: 1,    // 0表示未中奖, 1表示中奖, 大于1表示中奖次数
  prizeId : {
    type: ['1','2'],
    default: []
  }, // 可中多种奖品
```

```
  leftTime: 1, // 剩余抽奖次数
  created_at : Date.now(),
  update_at : Date.now(),
}


const joinLotteryRes = {
  status: 200,
  data: listData,
}


const ownLotteryRes = {
  status: 200,
  data: listData,
}
const lotteryDetailRes = {
  status: 200,
  data: lotteryDetailData,
}


const getLotteryResultRes = {
  status: 200,
  data: LotteryResultData,
}


const getLuckLottery = {
  status: 200,
  data: luckLottery,
}


const getDraw = {
  status: 200,
  data: draw
}


export const getMockData = (url, params) => {
  switch(url) {
    case 'api/user/joinLottery':
      // 我参与的抽奖
```

```
      return joinLotteryRes
    case 'api/user/ownLottery':
      // 我发起的抽奖
      return ownLotteryRes
    case 'api/lottery':
      return lotteryDetailRes
    case 'api/user/getLotteryResult':
      return getLotteryResultRes
    case 'api/lottery/edit':
      // 编辑
    case 'api/user/lottery':
      return getLuckLottery
    case 'api/user/draw':
      return getDraw
    default:
      throw 'no match url'
  }
}
```

在 request.js 中配置 mock 数据的能力。

```
import { getMockData } from '../mock'

const mock = true

const request = async ({url, type, params}) => {
  const baseUrl = ''

  if (mock) {
    return new Promise((resolve, reject) => {
      setTimeout(() => {
        const data = getMockData(url, params)
        resolve(data)
      }, 100)
    })
  }

  return new Promise((resolve, reject) => {
```

至此，mock 数据的能力就配置好了，后续只要将对应的配置数据加上即可。

（3）对获取到的对应抽奖数据列表进行渲染。

.axml 示例代码：

```
<!-- pages/index/index.axml -->
<view class="page-index">
  <!-- 头部 tab -->
  <view class="header">
    <view class="{{tabkey == index ? 'header-item active' : 'header-item'}}"
a:for="{{tab}}" data-key="{{index}}" onTap="changeTabKey">
      <text class="header-text">{{item}}</text>
    </view>
  </view>
  <!-- 底部内容 -->
  <scroll-view class="{{tabkey ? 'scroll-view-initiator' : 'scroll-view'}}"
scroll-y={{true}}>
    <view class="empty" a:if="{{!list.length}}">
      暂无数据
    </view>
    <view class="list-box" a:for="{{list}}" key="{{item._id}}"
data-id="{{item._id}}" onTap="toDetail">
      <view class="list-content">
        <view class="list-content-top">
          <text class="list-content-title">{{item.title}}</text>
          <text class="{{item.isWinnig ? 'list-content-text primary' :
'list-content-text'}}" a:if="{{!tabkey}}">{{item.isWinnig ? '已中奖' : '未中奖
'}}</text>
        </view>
        <view class="list-content-bottom">
          <view a:if="{{!tabkey}}" class="list-content-prizesbox">
            <text class="list-content-text" a:for="{{item.prizes}}"
a:for-index="prizesIndex"
a:for-item="prizes">{{prizes.title}}*{{prizes.count}}</text>
          </view>
          <text class="list-content-time">{{item.winTime}}</text>
        </view>
      </view>
    </view>
```

```
    </view>
  </scroll-view>
  <view class="bottom-button" a:if="{{tabkey}}">
    <button type="primary" onTap="toForm">发起抽奖</button>
  </view>
</view>
```

.acss 示例代码：

```
/* pages/index/index.acss */
/* 列表样式 */
.scroll-view {
  height: calc(100vh - 96rpx);
}
.scroll-view-initiator {
  height: calc(100vh - 304rpx);
}
.list-box {
  padding-top: 10rpx;
}
.list-content {
  background-color: #fff;
  padding: 32rpx 24rpx 40rpx 32rpx;
}
.list-content-top, .list-content-bottom {
  display: flex;
  flex-direction: row;
  justify-content: space-between;
  align-items: center;
}
.list-content-top {
  margin-bottom: 20rpx;
}
.list-content-title {
  font-size: 36rpx;
  color: #181818;
}
.list-content-text, .list-content-time {
```

```
    font-size: 28rpx;
    color: #5a5a5a;
}
.list-content-prizesbox {
    display: flex;
    flex: 1;
    flex-direction: column;
    justify-content: center;
    align-items: flex-start;
}
.list-content-prizesbox .list-content-text {
    margin-top: 8rpx;
}
.empty {
    width: 100%;
    text-align: center;
    padding-top: 50%;
    font-size: 32rpx;
    color: rgba(25,31,37,0.28);
}
.primary {
    font-size: 28rpx;
    color: #3296FA;
}

/* 底部按钮 */
.bottom-button {
    padding-top: 60rpx;
    padding-bottom: 60rpx;
}
.bottom-button button {
    width: 576rpx;
    margin: 0 auto;
}
```

至此，抽奖首页功能开发完成。首页运行时的效果如图 7-18 所示。

图 7-18　首页运行时的效果

2. "抽奖"设置页面

点击"发起抽奖"按钮进入"抽奖"设置页面，对已发起的抽奖配置信息进行编辑。

1）增加"抽奖"设置页面

（1）在 pages 文件夹中新增 form 文件夹，在该文件夹中新增 index.acss、index.axml、index.js、index.json 这 4 个文件，如图 7-19 所示。

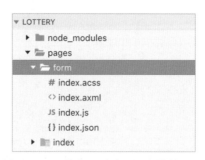

图 7-19　"抽奖"设置页面的结构配置

（2）在 app.json 文件中新增"抽奖"设置页面的注册代码。

```
// app.json
{
  "pages": [
    "pages/index/index",
    "pages/form/index"
  ],
  "window": {
    "defaultTitle": "抽奖"
  }
}
```

（3）在 pages/index/index.js 文件中新增 toForm 函数，利用 JSAPI 中的 dd.navigateTo 进行页面跳转。

```
// 跳转至新增页面
  toForm(event) {
    dd.navigateTo({
      url: event.target.dataset.id ? '/pages/form/index?id=' +
event.target.dataset.id : '/pages/form/index'
    })
  },
```

2）安装所需依赖 mini-ali-ui 和 moment

（1）利用 mini-ali-ui 组件库中的 multi-liner 组件添加规则说明表单（多行），以及利用 am-icon 组件添加表单中向右的箭头图标。

（2）利用 moment 实现时间格式等的转换。

打开终端，在项目路径下执行 npm install mini-ali-ui moment --save 命令保存所需的两个依赖。

3）完善代码

（1）在 index.json 文件中添加组件依赖。

```
{
  "usingComponents": {
    "multi-liner": "mini-ali-ui/es/multi-liner/index",
    "am-icon": "mini-ali-ui/es/am-icon/index"
  }
}
```

（2）在 index.axml 文件中完善页面结构信息。

267

```
<!-- index.axml -->
<view class="page-detail">
  <view class="card">
    <view class="card-title">抽奖信息</view>
    <view class="card-item">
      <view class="card-item-content">
        <text class="card-item-label">抽奖标题</text>
        <input class="card-item-input" disabled="{{id}}" maxlength="12"
value={{lotteryInfo.title}} controlled={{true}} onInput="changeLotteryInfo"
data-type="title" placeholder="最多填写12个文字" />
      </view>
    </view>
    <view class="card-item">
      <view class="card-item-content">
        <text class="card-item-label">开始时间</text>
        <view class="card-item-value card-item-block" onTap="datePicker"
data-type="startTime">
          <text>{{lotteryInfo.startTime}}</text>
          <am-icon type="right" size="20" />
        </view>
      </view>
    </view>
    <view class="card-item">
      <view class="card-item-content">
        <text class="card-item-label">结束时间</text>
        <view class="card-item-value card-item-block" onTap="datePicker"
data-type="endTime">
          <text>{{lotteryInfo.endTime}}</text>
          <am-icon type="right" size="20" />
        </view>
      </view>
    </view>
    <view class="card-item">
      <view class="card-item-content">
        <text class="card-item-label">每人抽奖次数</text>
        <input class="card-item-input" maxlength="12" type="number"
placeholder="请填写整数" value={{lotteryInfo.lotTimes}} controlled={{true}}
onInput="changeLotteryInfo" data-type="lotTimes" />
```

```
      </view>
    </view>
    <view class="card-item">
      <view class="card-item-content">
        <text class="card-item-label">中奖后移除</text>
        <text class="card-item-value" data-type="winningOnce"
onTap='selectIsRemove'>{{selectData[lotteryInfo.winningOnce] || "请选择
"}}</text>
      </view>
    </view>


    <view class="card-item">
      <view class="card-item-content">
        <text class="card-item-label">规则说明</text>
        <multi-liner
          class="multi-liner"
          placeholder="请填写抽奖规则"
          auto-height="{{true}}"
          value={{lotteryInfo.ruleDesc}}
          controlled={{true}}
          onInput="changeLotteryInfo"
          data-type="ruleDesc"
        />
      </view>
    </view>
  </view>


  <view class="card-max" a:for="{{prizes}}">
    <view class="card-title" a:if="{{!index}}">奖品配置</view>
    <view class="card-item">
      <view class="card-item-content">
        <text class="card-item-label">奖品名称</text>
        <input class="card-item-input" placeholder="请填写奖品名称"
disabled="{{!item.noDisabled}}" value={{item.title}} controlled={{true}}
onInput="changePrizes" data-index="{{index}}" data-type="title" />
      </view>
    </view>
    <view class="card-item">
```

269

```
    <view class="card-item-content">
      <text class="card-item-label">奖品数量</text>
      <input class="card-item-input" maxlength="12" type="number"
placeholder="请填写奖品数量" value={{item.totalCount}} controlled={{true}}
onInput="changePrizes" data-index="{{index}}" data-type="totalCount" />
    </view>
  </view>
  <view class="card-item">
    <view class="card-item-content">
      <text class="card-item-label">中奖率</text>
      <input class="card-item-input" maxlength="12" type="digit"
placeholder="中奖率为 1 时必中奖" value={{item.probability}} controlled={{true}}
onInput="changePrizes" data-index="{{index}}" data-type="probability" />
    </view>
  </view>
</view>
<button class="invite-btn" onTap="addItem">添加一项</button>

<view class="bottom-button">
  <button type="primary" onTap="onSave">{{id ? "保存" : "完成"}}</button>
</view>
</view>
```

（3）在 index.acss 文件中完善页面样式信息。

```
.page-detail {
  background-color: #f6f6f6;
  padding-top: 2rpx;
}
/* 版块内容 */
.card-title {
  padding: 32rpx 32rpx 16rpx;
  font-size: 14px;
  color: rgba(25,31,37,0.40);
  letter-spacing: -0.09px;
  line-height: 18px;
}
.card {
  margin-bottom: 8rpx;
}
```

```
.card-max {
  margin-bottom: 12rpx;
}
.card-item {
  background-color: #fff;
  padding-left: 32rpx;
}
.card-item-content {
  border-bottom: 2rpx solid rgba(25,31,37,0.08);
  padding-right: 32rpx;
  min-height: 96rpx;
  background-color: #fff;
  position: relative;
}
.card-item-label, .card-item-value {
  display: inline-block;
  font-size: 17px;
  color: #191F25;
  letter-spacing: -0.41px;
  line-height: 22px;
  padding-top: 26rpx;
  padding-bottom: 26rpx;
}
.card-item-label {
  width: 246rpx;
  display: inline-block;
}
.card-item-value, .card-item-input, .multi-liner {
  width: calc(100% - 246rpx);
  box-sizing: border-box;
  background-color: transparent;
  vertical-align: top;
}
.card-item-value {
  overflow: hidden;
  text-overflow: ellipsis;
  white-space: nowrap;
}
```

```
.card-item-input {
  line-height: 96rpx;
  height: 96rpx;
  vertical-align: middle;
}

/* 添加一项 */
.invite-btn {
  height: 96rpx;
  line-height: 96rpx;
  text-align: center;
  font-size: 34rpx;
  color: #3296FA;
  letter-spacing: -0.82rpx;
  background-color: #fff;
  margin-top: -12rpx;
  border: none;
}

/* 底部按钮 */
.bottom-button {
  padding-top: 60rpx;
  padding-bottom: 60rpx;
}
.bottom-button button {
  width: 576rpx;
  margin: 0 auto;
}

.multi-liner {
  display: inline-block;
  vertical-align: top;
}
.multi-liner textarea {
  padding-left: 0;
}

.card-item-block {
```

```
    display: inline-flex;
    flex-direction: row;
    justify-content: space-between;
    vertical-align: middle;
}
```

（4）在 index.js 文件中完善页面逻辑信息。

```
import request from '../../util/request.js'
import moment from 'moment'

Page({
  data: {
    id: '',
    lotteryInfo: {
      title: '',
      startTime: '',
      endTime: '',
      ruleDesc: '',
      lotTimes: '',
      winningOnce: 1,
    },
    prizes: [
      {
        title: "",
        totalCount: '',
        leftCount: '',
        probability: '',
        noDisabled: true
      }
    ],
    selectData: ['否（不限制单用户中奖次数）', '是（每个用户只能中奖一次）'],
  },
  // 添加一项
  addItem() {
    let prizesData = {
      title: "",
      totalCount: '',
      leftCount: '',
      probability: '',
```

```
      noDisabled: true
    }
    this.data.prizes.push({...prizesData})
    this.setData({prizes: [...this.data.prizes]})
  },
  // 选择是否移除
  selectIsRemove (e) {
    dd.showActionSheet({
      title: '中奖后移除',
      items: this.data.selectData,
      cancelButtonText: '取消',
      success: (res) => {
        e.detail.value = res.index
        this.changeLotteryInfo(e)
      },
    })
  },
  // 选择日期
  datePicker(e) {
    dd.datePicker({
      format: 'yyyy-MM-dd HH:mm',
      currentDate: moment().format('YYYY-MM-DD HH:mm'),
      startDate: moment().subtract(1, 'Y'),
      endDate: moment().add(1, 'Y'),
      success: (res) => {
        e.detail.value = res.date
        this.changeLotteryInfo(e)
      },
    })
  },
  // 修改抽奖信息
  changeLotteryInfo(e) {
    if (e.target.dataset.type === "lotTimes" ) {
      e.detail.value = Math.floor(e.detail.value)
      if (e.detail.value === this.data.lotteryInfo.lotTimes) return
    }
    if (e.target.dataset.type === "winningOnce" ) {
      if (e.detail.value !== 0 && e.detail.value !== 1)
```

```
        return
      }
    this.setData({
      lotteryInfo: {
        ...this.data.lotteryInfo,
        [e.target.dataset.type]: e.detail.value
      }
    })
  },
  // 修改奖品配置
  changePrizes(e) {
    if (e.target.dataset.type === 'totalCount' ){
      this.data.prizes[e.target.dataset.index][e.target.dataset.type] =
+e.detail.value
    } else {
      this.data.prizes[e.target.dataset.index][e.target.dataset.type] =
e.detail.value
    }

    this.setData({
      prizes: this.data.prizes
    })
  },
  // 判断是否必填
  isMost() {
    let msg = []
    let lotteryInfoMost = [{
        key: 'title',
        msg: '抽奖标题'
      },
      {
        key: 'startTime',
        msg: '开始时间'
      },
      {
        key: 'endTime',
        msg: '结束时间'
      },
```

```
    {
      key: 'lotTimes',
      msg: '每人抽奖次数'
    },
    {
      key: 'winningOnce',
      msg: '中奖后移除'
    }]
  for(let i = 0; i < lotteryInfoMost.length; i++) {
    if (lotteryInfoMost[i].key === 'winningOnce') {
      if (this.data.lotteryInfo[lotteryInfoMost[i].key] === '') {
        msg.push(lotteryInfoMost[i].msg)
      }
    } else if (!this.data.lotteryInfo[lotteryInfoMost[i].key]) {
      msg.push(lotteryInfoMost[i].msg)
    }
  }
  for (let i = 0; i < this.data.prizes.length; i++) {
    if (!this.data.prizes[i].title) {
      if (msg.indexOf('奖品名称') === -1) msg.push('奖品名称')
    }
    if (!this.data.prizes[i].totalCount) {
      if (msg.indexOf('奖品数量') === -1) msg.push('奖品数量')
    }
    if (!this.data.prizes[i].probability ||
Number(this.data.prizes[i].probability) <= 0) {
      if (msg.indexOf('中奖率') === -1) msg.push('中奖率')
    }
  }
  if (msg.length) {
    dd.alert({
      title: '请将表单填写完整',
      content: `请填写${msg.join('、')}`,
      buttonText: '好的'
    })
    return false
  } else {
    return true
```

```
    }
  },
  // 创建抽奖
  onSave(event) {
    if (!this.isMost()) return
    for (let i = 0; i < this.data.prizes.length; i++) {
      this.data.prizes[i].probability =
parseFloat(this.data.prizes[i].probability)
    }
    const data = {
      lotteryInfo: this.data.lotteryInfo,
      prizes: this.data.prizes
    }
    data.lotteryInfo.startTime = new
Date(data.lotteryInfo.startTime.replace(/-/g, '/')).getTime()
    data.lotteryInfo.endTime = new Date(data.lotteryInfo.endTime.replace(/-/g,
'/')).getTime()
    if (this.data.id) data.lotteryId = this.data.id
    dd.showLoading()
    request({
      url: this.data.id ? 'api/lottery/edit' : 'api/lottery/create',
      type: 'post',
      params: data
    }).then(res => {
      dd.hideLoading()
      if (res.status !== 200) {
        return dd.showToast({
          content: res.message,
          type: 'fail'
        })
      }
      dd.showToast({
        content: this.data.id ? '修改成功' : '新增成功',
        type: 'success',
        duration: 3000,
        success: () => {
          dd.navigateTo({
            url: `/pages/detail/index?id=${res.data.lotteryId}`
```

277

```
        })
      }
    })
  }).catch(err => {
    dd.hideLoading()
  })
},
onLoad(query) {
  // 页面加载
  // query.id = '60485667183f5d0009ecffa6'
  if (!query.id) return
  this.setData({
    id: query.id
  })
  let prizesData = {
    title: "",
    totalCount: '',
    leftCount: '',
    probability: '',
    noDisabled: true
  }
  request({
    url: `api/lottery?lotteryId=${query.id}`,
    type: 'get',
  }).then(res => {
    let lotteryInfo = res.data.lottery[0]
    lotteryInfo.winningOnce = lotteryInfo.winning_once
    lotteryInfo.lotTimes = lotteryInfo.lot_times
    lotteryInfo.ruleDesc = lotteryInfo.rule_desc
    lotteryInfo.startTime =
moment(lotteryInfo.start_time).format('YYYY-MM-DD HH:mm')
    lotteryInfo.endTime = moment(lotteryInfo.end_time).format('YYYY-MM-DD
HH:mm')

    let prizes = []
    if (!res.data.prizes.length) {
      prizes.push(prizesData)
    } else prizes = res.data.prizes
```

```
    this.setData({
      lotteryInfo: lotteryInfo,
      prizes: prizes
    })
  })
},
onShareAppMessage() {
  // 返回自定义分享信息
  return {
    title: '抽奖',
    desc: '',
    path: 'pages/index/index',
    imageUrl: '链接 8',
  }
},
})
```

其中，dd.datePicker 用于调用日期选择器，dd.showLoading 和 dd.hideLoading 配合使用，用于显示/隐藏加载提示。

点击"完成"按钮，保存数据并跳转到"抽奖详情"页面 pages/detail/index。

3. "抽奖详情"页面

"抽奖详情"页面主要用于展示已配置好的抽奖配置信息。

（1）在 app.json 文件中新增"抽奖详情"页面的注册代码。

```
{
  "pages": [
    "pages/index/index",
    "pages/form/index",
    "pages/detail/index"
  ],
  "window": {
    "defaultTitle": "抽奖"
  }
}
```

（2）在 pages 文件夹中新增 detail 文件夹并在该文件夹中新增 index.js、index.axml、index.acss、index.json 文件，分别用于承接页面逻辑、页面结构、页面样式、页面配置信息。

279

（3）完善抽奖首页中点击抽奖列表事件的 toDetail 函数。

```
// pages/index/index.js
// 跳转至"抽奖详情"页面
  toDetail(event) {
    // 如果打开的页面是"我参与的抽奖"，则退出
    if (!this.data.tabkey) return
    dd.navigateTo({
      url: '/pages/detail/index?id=' + event.target.dataset.id
    })
  },
```

（4）完善页面配置、页面结构、页面样式、页面逻辑信息。

① 在 detail/index.json 文件中完善页面配置信息。

```
{
  "defaultTitle": "抽奖详情",
    "usingComponents": {
      "multi-liner": "mini-ali-ui/es/multi-liner/index"
    }
}
```

② 在 detail/index.axml 文件中完善页面结构信息。

```
<view class="page-detail">
  <view class="card">
    <view class="card-title">抽奖信息</view>
    <view class="card-item">
      <view class="card-item-content">
        <text class="card-item-label">抽奖标题</text>
        <text class="card-item-value">{{lottery.title}}</text>
      </view>
    </view>
    <view class="card-item">
      <view class="card-item-content">
        <text class="card-item-label">开始时间</text>
        <text class="card-item-value">{{lottery.start_time}}</text>
      </view>
    </view>
    <view class="card-item">
      <view class="card-item-content">
```

```
      <text class="card-item-label">结束时间</text>
      <text class="card-item-value">{{lottery.end_time}}</text>
    </view>
  </view>
  <view class="card-item">
    <view class="card-item-content">
      <text class="card-item-label">每人抽奖次数</text>
      <text class="card-item-value">{{lottery.lot_times}}</text>
    </view>
  </view>
  <view class="card-item">
    <view class="card-item-content">
      <text class="card-item-label">中奖后移除</text>
      <text
class="card-item-value">{{selectData[lottery.winning_once]}}</text>
    </view>
  </view>
  <view class="card-item">
    <view class="card-item-content">
      <text class="card-item-label">规则说明</text>
      <view
        class="multi-liner"
      >{{lottery.rule_desc}}</view>
    </view>
  </view>
  <button class="invite-btn" open-type="share" a:if="{{canIUseShareButton}}">
邀请抽奖用户</button>
  </view>

  <view class="card-max" a:for="{{prizes}}">
    <view class="card-title" a:if="{{!index}}">奖品配置</view>
    <view class="card-item">
      <view class="card-item-content">
        <text class="card-item-label">奖品名称</text>
        <text class="card-item-value">{{item.title}}</text>
      </view>
    </view>
    <view class="card-item">
```

```
    <view class="card-item-content">
      <text class="card-item-label">奖品数量</text>
      <text class="card-item-value">{{item.totalCount}}</text>
    </view>
  </view>
  <view class="card-item">
    <view class="card-item-content">
      <text class="card-item-label">中奖率</text>
      <text class="card-item-value">{{item.probability}}</text>
    </view>
  </view>
</view>

<view class="bottom-button">
  <button data-id="{{id}}" type="default" onTap="toForm">编辑</button>
  <button data-id="{{id}}" type="primary" onTap="toResult">抽奖结果</button>
</view>
</view>
```

③ 在 detail/index.acss 文件中完善页面样式信息。

```
page {
  background-color: #f6f6f6;
}
.page-detail {
  background-color: #f6f6f6;
  padding-top: 2rpx;
}
/* 版块内容 */
.card-title {
  padding: 32rpx 32rpx 16rpx;
  font-size: 14px;
  color: rgba(25,31,37,0.40);
  letter-spacing: -0.09px;
  line-height: 18px;
}
.card {
  margin-bottom: 8rpx;
}
.card-max {
```

```
  margin-bottom: 12rpx;
}
.card-item {
  background-color: #fff;
  padding-left: 32rpx;
}
.card-item-content {
  border-bottom: 2rpx solid rgba(25,31,37,0.08);
  padding-right: 32rpx;
}
.card-item-label, .card-item-value {
  font-size: 17px;
  color: #191F25;
  letter-spacing: -0.41px;
  line-height: 22px;
  padding-top: 26rpx;
  padding-bottom: 26rpx;
}
.card-item-label {
  width: 246rpx;
  display: inline-block;
}

/* "邀请抽奖用户"按钮 */
.invite-btn {
  height: 96rpx;
  line-height: 96rpx;
  text-align: center;
  font-size: 34rpx;
  color: #3296FA;
  letter-spacing: -0.82rpx;
  background-color: #fff;
  border-top: none;
}

/* 底部按钮 */
.bottom-button {
  padding-top: 16rpx;
```

```
  padding-bottom: 16rpx;
  background-color: #fff;
  border-top: 2rpx solid rgba(25,31,37,0.12);
  margin-top: 76rpx;
}
.bottom-button button {
  display: inline-block;
  width: 336rpx;
  margin-left: 8px;
  margin-right: 8px;
}

.multi-liner {
  display: inline-block;
  vertical-align: top;
  width: calc(100% - 246rpx);
  box-sizing: border-box;
  background-color: transparent;
  vertical-align: top;
  padding: 24rpx 24rpx 24rpx 0;
}
```

④ 在 detail/index.js 文件中完善页面逻辑信息。

```
import request from '../../util/request.js'
import moment from 'moment'
Page({
  data: {
    id: '',
    title: "这是一个抽奖标题",
    canIUseShareButton: true,
    selectData: ['否（不限制单用户中奖次数）', '是（每个用户只能中奖一次）'],
  },
  onLoad(query) {
    let option = dd.getLaunchOptionsSync()
    if (option.query.id) {
      this.setData({
        id: option.query.id
      })
    } else {
```

```
      this.setData({
        id: query.id
      })
    }


    dd.setNavigationBar('抽奖详情')
    this.onInvite()
    request({
      url: `api/lottery?lotteryId=${query.id}`,
      type: 'get',
    }).then(res => {
      if (res.status !== 200) return dd.showToast({
        type: 'fail',
        content: res.message,
        delay: 5000
      })
      let lottery = res.data.lottery[0]
      lottery.end_time = moment(lottery.end_time).format('YYYY-MM-DD HH:mm')
      lottery.start_time = moment(lottery.start_time).format('YYYY-MM-DD
HH:mm')
      this.setData({
        lottery: lottery,
        prizes: res.data.prizes
      })
    })
  },
  // 跳转至"编辑"页面
  toForm(event) {
    dd.navigateTo({
      url: '/pages/form/index?id=' + event.target.dataset.id
    })
  },
  // 跳转至"抽奖结果"页面
  toResult(event) {
    dd.navigateTo({
      url: '/pages/result/index?id=' + event.target.dataset.id
    })
  },
```

```
onShareAppMessage() {
  return {
    title: '抽奖',
    desc: '',
    path: `pages/luckDraw/index?id=${this.data.id}`,
    imageUrl: '链接 9',
    success: function (res) {
      console.log('-------------', res)
    },
    fail: function (fail) {
      console.log('------------- fail', fail)
    },
  }
},
onShow() {
  // 页面显示
  request({
    url: `api/lottery?lotteryId=${this.data.id}`,
    type: 'get',
  }).then(res => {
    if (res.status !== 200) return dd.showToast({
      type: 'fail',
      content: res.message,
      delay: 5000
    })
    let lottery = res.data.lottery[0]
    lottery.end_time = moment(lottery.end_time).format('YYYY-MM-DD HH:mm')
    lottery.start_time = moment(lottery.start_time).format('YYYY-MM-DD
HH:mm')

    // mock 数据调整
    if (lottery.end_time < lottery.start_time) {
      [lottery.end_time, lottery.start_time] = [lottery.start_time,
lottery.end_time]
    }

    this.setData({
      lottery: lottery,
```

```
         prizes: res.data.prizes
      })
    })
  },
  // 邀请抽奖用户
  onInvite() {
    this.setData({ canIUseShareButton: dd.canIUse('button.open-type.share') })
  },
})
```

⑤ 在 mock.js 文件中进行 mock 数据的配置。

```
const Mock = require('mockjs')
const Random = Mock.Random

const listData = Mock.mock({
    // 属性 list 的值是一个数组，其中包含元素1~10
    'list|1-10': [{
        // 属性 id 是一个自增数，起始值为 1，每次增 1
        '_id|+1': 1,
        'winTime|1': ['2021/06/15 18:00', '2021/06/16 05:00'],
        'isWinnig|1': [0, 1], //从属性值数组中按顺序选取 1 个元素，作为最终值
        'prizes|1-2': [
          {
            title: '端午节礼物',
            count: 1,
          }
        ], // 通过重复属性值数组生成一个新数组，重复次数大于或等于 min，小于或等于 max
        'title': '钉钉开放平台开发者抽奖'
    }]
})

const lotteryDetailData = Mock.mock({
  lottery: [
    {
      'title': '钉钉开放平台抽奖',
      'end_time|1': ['2021/06/15 18:00', '2021/06/16 05:00'],
      'start_time|1': ['2021/06/15 18:00', '2021/06/16 05:00'],
      'lot_times|1': [1, 2, 3, 4, 5],
      'winning_once|1': [0, 1],
```

```
      'rule_desc|1-3': '钉钉开放平台开发者均可参与。'
    }
  ],
  'prizes|1-2': [
    {
      'title': '端午节礼物',
      'count': 1,
      'totalCount': 100,
      'probability': 0.1,
    }
  ],
})

const LotteryResultData = Mock.mock({
  'records|2-5': [
    {
      'name|1': ['钉三多', '小河马', '大蚂蚁'],
      'time|1': ['2021/06/15 18:00', '2021/06/16 05:00'],
      'isWinnig|1': [false, true],
      'department|1': ['人事', '财务', 'IT', '行政'],
      'prizes': [{
        'title': '礼盒',
        'count': Random.integer(1, 10),
      }]
    }
  ],
  'userCount': Random.integer(1, 5),
  'lotteryCount': Random.integer(1, 5),
  'winningUserCount': Random.integer(1, 5),
  'winnignCount': ['钉三多', '小河马', '大蚂蚁']
})

export const prizeSchema = {
  lotteryId: '1',
  title: '端午节钉钉全员抽奖活动',
  probability: '1',    // 中奖概率
  totalCount: '30',
  leftCount: '20',     // 剩余奖品数
```

```
  created_at: Date.now(),
  update_at: Date.now()
}

export const lotterySchema = {
  title: '蛋黄味粽子',
  start_time: Date.now(),
  end_time: Date.now() + 10000,
  lot_times: 3,        // 抽奖机会
  winning_once: 1,     // 是否只中奖一次, 1 为中奖一次, 0 为中奖多次
  rule_desc: '钉钉开放平台',
  creator: '1',
  creatorName: 'xing',
  agent_id: '1', // 不同小程序的 agentId
  created_at: Date.now(),
  update_at: Date.now(),
}

export const userLotterySchema = {
  lotteryId: '123',
  userId: '123',
  time : Date.now(),
  drawTimes: 3,    // 抽奖的次数
  isWinnig: 1,     // 0 表示未中奖, 1 表示中奖, 大于 1 表示中奖次数
  prizeId : {
    type: ['1','2'],
    default: []
  }, // 可中多种奖品
  leftTime: 1, // 剩余抽奖次数
  created_at : Date.now(),
  update_at : Date.now(),
}

const joinLotteryRes = {
  status: 200,
  data: listData,
}
```

```
const ownLotteryRes = {
  status: 200,
  data: listData,
}
const lotteryDetailRes = {
  status: 200,
  data: lotteryDetailData,
}

const getLotteryResultRes = {
  status: 200,
  data: LotteryResultData,
}

export const getMockData = (url, params) => {
  switch(url) {
    case 'api/user/joinLottery':
      // 我参与的抽奖
      return joinLotteryRes
    case 'api/user/ownLottery':
      // 我发起的抽奖
      return ownLotteryRes
    case 'api/lottery':
      return lotteryDetailRes
    case 'api/user/getLotteryResult':
      return getLotteryResultRes
    case 'api/lottery/edit':
      // 编辑
    default:
      throw 'no match url'
  }
}
```

4. "抽奖结果"页面

"抽奖结果"页面用于展示本次抽奖的抽奖人数、抽奖人次、中奖人数、中奖人次数据信息，以及详细的中奖信息。

（1）在 app.json 文件中新增"抽奖结果"页面的注册代码。

```
{
  "pages": [
    "pages/index/index",
    "pages/form/index",
    "pages/detail/index",
    "pages/result/index"
  ],
  "window": {
    "defaultTitle": "抽奖"
  }
}
```

（2）在 pages 文件夹中新增 result 文件夹，并在该文件夹中新增 index.js、index.axml、index.acss、index.json 文件，分别用于承接页面逻辑、页面结构、页面样式、页面配置信息。

（3）完善页面配置、页面结构、页面样式、页面逻辑信息。

① 在 result/index.json 文件中完善页面配置信息。

```
{
  "defaultTitle": "抽奖结果"
}
```

② 在 result/index.axml 文件中完善页面结构信息。

```
<view class="page-result">
  <view class="card">
    <view class="card-title">抽奖数据</view>
    <view class="card-item">
      <view class="card-item-content">
        <text class="card-item-label">抽奖人数</text>
        <text class="card-item-value">{{userCount}}</text>
      </view>
    </view>
    <view class="card-item">
      <view class="card-item-content">
        <text class="card-item-label">抽奖人次</text>
        <text class="card-item-value">{{lotteryCount}}</text>
      </view>
    </view>
    <view class="card-item">
```

```
   <view class="card-item-content">
     <text class="card-item-label">中奖人数</text>
     <text class="card-item-value">{{winningUserCount}}</text>
   </view>
 </view>
 <view class="card-item">
   <view class="card-item-content">
     <text class="card-item-label">中奖人次</text>
     <text class="card-item-value">{{winnignCount}}</text>
   </view>
 </view>
</view>


<view class="card-max">
 <view class="card-title">中奖信息</view>
 <view class="list-box" a:for="{{records}}" key="{{item.userId}}"
data-id="{{item.userId}}" onTap="toDetail">
   <view class="list-content">
     <view class="list-content-top">
       <text class="list-content-title">{{item.name}}</text>
       <text class="{{item.isWinnig ? 'list-content-text primary' :
'list-content-text'}}">{{item.isWinnig
 ? '已中奖' : '未中奖'}}</text>
     </view>
     <view class="list-content-bottom">
       <text class="list-content-text">{{item.department}}</text>
       <text class="list-content-time">{{item.time}}</text>
     </view>
     <view class="list-content-bottom">
       <view class="list-content-prizesbox">
         <text class="list-content-text" a:for="{{item.prizes}}"
a:for-item="pri">{{pri.title}} * {{pri.count}}</text>
       </view>
       <view></view>
     </view>
   </view>
 </view>
</view>
```

```
</view>
```

③ 在 result/index.acss 文件中完善页面样式信息。

```
page {
  background-color: #f6f6f6;
}
.page-result {
  background-color: #f6f6f6;
  padding-top: 2rpx;
}
/* 版块内容 */
.card-title {
  padding: 32rpx 32rpx 16rpx;
  font-size: 14px;
  color: rgba(25,31,37,0.40);
  letter-spacing: -0.09px;
  line-height: 18px;
}
.card {
  margin-bottom: 8rpx;
}
.card-max {
  margin-bottom: 12rpx;
}
.card-item {
  background-color: #fff;
  padding-left: 32rpx;
}
.card-item-content {
  border-bottom: 2rpx solid rgba(25,31,37,0.08);
  padding-right: 32rpx;
}
.card-item-label, .card-item-value {
  font-size: 17px;
  color: #191F25;
  letter-spacing: -0.41px;
  line-height: 22px;
  padding-top: 26rpx;
  padding-bottom: 26rpx;
```

```
}
.card-item-label {
  width: 246rpx;
  display: inline-block;
}

.list-box {
  padding-top: 10rpx;
}
.list-content {
  background-color: #fff;
  padding: 32rpx 24rpx 40rpx 32rpx;
}
.list-content-top, .list-content-bottom {
  display: flex;
  flex-direction: row;
  justify-content: space-between;
  align-items: center;
}
.list-content-prizesbox {
  display: flex;
  flex: 1;
  flex-direction: column;
  justify-content: center;
  align-items: flex-start;
}
.list-content-prizesbox .list-content-text {
  margin-top: 8rpx;
}
.list-content-top {
  margin-bottom: 20rpx;
}
.list-content-title {
  font-size: 36rpx;
  color: #181818;
}
.list-content-text, .list-content-time {
  font-size: 28rpx;
```

```
 color: #5a5a5a;
}
.primary {
 font-size: 28rpx;
 color: #3296FA;
}
```

④ 在 result/index.js 文件中完善页面逻辑信息。

```
import request from '../../util/request.js';
import moment from 'moment';

Page({
 data: {
  records: [],
  lotteryCount: null,
  userCount: null,
  winnignCount: null,
  winningUserCount: null
 },
 changeTabKey(event) {
  this.setData({
   tabkey: event.target.dataset.key
  })
 },
 onLoad(query) {
  // 页面加载
  request({
   url: `api/user/getLotteryResult?lotteryId=${query.id}`,
   type: 'get',
  }).then(res => {
   for (let i = 0; i < res.data.records.length; i++) {
    res.data.records[i].time =
moment(res.data.records[i].time).format('YYYY-MM-DD HH:mm')
   }
   this.setData({
    ...res.data
   })
  })
 },
```

```
onShareAppMessage() {
  // 返回自定义分享信息
  return {
    title: '抽奖',
    desc: '',
    path: 'pages/index/index',
    imageUrl: '链接 10',
  };
},
});
```

5. "抽奖"页面及分享

我们在"抽奖详情"页面的 pages/detail/index.js 文件中定义了 onShareAppMessage 函数，用来自定义该页面的分享内容。点击"分享"按钮，用户能够进入抽奖助手小程序的"抽奖"页面进行抽奖，如图 7-20 所示。

图 7-20 "抽奖"页面

如果在 Page 中定义了 onShareAppMessage 函数，此时该页面右上角菜单中会显示"分享"按钮，反之不显示。在 onShareAppMessage 函数中返回了一个对象，

对象的 path 参数对应的值代表分享页面的路径。我们将分享页面路径定义为
`pages/luckDraw/index?id=${this.data.id}`。本节将开发抽奖助手小程序的"抽奖"
页面。

（1）在 app.json 文件中新增"抽奖"页面的注册代码。

```
{
  "pages": [
    "pages/index/index",
    "pages/luckDraw/index",
    "pages/form/index",
    "pages/result/index",
    "pages/detail/index"
  ],
  "window": {
    "defaultTitle": "抽奖"
  }
}
```

（2）在 pages 文件夹中新增 luckDraw 文件夹，并在该文件夹中新增 index.js、
index.axml、index.acss、index.json 文件，分别用于承接页面逻辑、页面结构、页
面样式、页面配置信息。

（3）完善页面配置、页面结构、页面样式、页面逻辑信息。

① 在 luckDraw/index.json 文件中完善页面配置信息。

```
{
  "title": "抽奖详情"
}
```

② 在 luckDraw/index.axml 文件中完善页面结构信息。

```
<view class="page-luckDraw">
  <view class="content">
    <view class="title">{{lotteryInfo.title}}</view>
    <view class="jackpot">
      <view class="card-max" a:for="{{prizes}}">
        <view class="jackpot-text">{{item.title}} * {{item.totalCount}}</view>
      </view>
    </view>


    <view class="buttons">
```

```
    <button type="primary" onTap="onDraw">立即抽奖（剩余{{leftDrawCount}}次机会）
</button>
    <button type="default" onTap="toIndex">我的抽奖</button>
  </view>

  <view class="rule">
    <view>抽奖规则: </view>
    <view>{{lotteryInfo.rule_desc}}</view>
  </view>
 </view>
</view>
```

③ 在 luckDraw/index.acss 文件中完善页面样式信息。

```
page {
  background-color: #fff;
}
.page-luckDraw {
  background-color: #fff;
  padding-top: 104rpx;
  border-top: 2rpx solid #f6f6f6;
}

/* 内容区 */
.content {
  padding-left: 88rpx;
  padding-right: 88rpx;
}
.title {
  font-size: 40rpx;
  color: #191F25;
  letter-spacing: 0.76rpx;
  text-align: center;
  line-height: 48rpx;
}
.jackpot {
  margin-top: 16rpx;
  margin-bottom: 102rpx;
}
.jackpot-text {
```

```css
  font-size: 28rpx;
  color: rgba(25,31,37,0.56);
  letter-spacing: -0.44rpx;
  text-align: center;
  line-height: 38rpx;
}
/* 按钮 */
.buttons {
  padding-top: 16rpx;
  padding-bottom: 16rpx;
  background-color: #fff;
  margin-bottom: 64rpx;
}
.buttons button {
  margin-bottom: 24rpx;
}

/* 规则 */
.rule {
  font-size: 24rpx;
  color: rgba(12,-2147483648,19,0.56);
  line-height: 32rpx;
}
```

④ 在 luckDraw/index.js 文件中完善页面逻辑信息。

```javascript
import request from '../../util/request.js'
Page({
  data: {
    id: '',
    title: "这是一个抽奖标题",
    lotteryInfo: null,
    prizes: [],
    winPrizes: [],
    leftDrawCount: 0
  },
  changeTabKey(event) {
    this.setData({
      tabkey: event.target.dataset.key
    })
```

```
    },
  toIndex() {
    dd.navigateTo({
      url: '/pages/index/index'
    })
  },
  onLoad(query) {
    let option = dd.getLaunchOptionsSync()
    if (option.query.id) {
      this.setData({
        id: option.query.id
      })
    } else {
      this.setData({
        id: query.id
      })
    }
    dd.hideShareMenu();
    request({
      url: 'api/user/lottery?lotteryId=' + (option.query.id || query.id),
      type: 'get',

    }).then(res => {
      if (res.status != -1) {
        this.setData({
          lotteryInfo: res.data.lotteryInfo.lottery[0],
          prizes: res.data.lotteryInfo.prizes,
          leftDrawCount: res.data.record ? res.data.record.leftTime :
res.data.lotteryInfo.lottery[0].lot_times
        })
      }
    })
  },
  // 开始抽奖
  onDraw(event) {
    dd.showLoading({
      content: '正在抽奖……'
    })
```

```
request({
  url: 'api/user/draw',
  type: 'post',
  params: {
    "lotteryId": this.data.id
  }
}).then(res => {
  dd.hideLoading()
  if (res.status === 200) {
    this.setData({
      winPrizes: res.data.prizes,
      leftDrawCount: res.data.leftDrawCount
    })
    dd.confirm({
      title: `恭喜您！已中奖！`,
      content: `奖品：${res.data.prizes[res.data.prizes.length - 1].title}`,
      confirmButtonText: '查看',
      cancelButtonText: '确认',
      success: (res) => {
        if (res.confirm) {
          dd.navigateTo({
            url: `/pages/index/index?tab=0`
          })
        }
      }
    })
  } else if (res.message) {
    dd.alert({
      title: res.message,
      buttonText: '返回',
      success: () => {}
    })
    if (res.data && res.data.leftDrawCount) {
      this.setData({
        leftDrawCount: res.data.leftDrawCount
      })
```

```
    } else {
      this.setData({
        leftDrawCount: 0
      })
    }
  }
  })

  },
onShareAppMessage() {
  // 返回自定义分享信息
  return {
    title: '抽奖',
    desc: '',
    path: `pages/luckDraw/index?id=${this.data.id}`,
    imageUrl: '链接 11',
    success: function (res) {
      console.log('------------- luck', res)
    },
    fail: function (fail) {
      console.log('------------- luck fail', fail)
    },
  }
  },
})
```

钉钉移动端分享效果如图 7-21 所示。

抽奖助手小程序

图 7-21　钉钉移动端分享效果

钉钉 PC 端暗黑模式分享效果如图 7-22 所示。

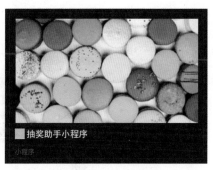

图 7-22 钉钉 PC 端暗黑模式分享效果

7.3.4 应用的调试与发布

本节将完成应用的调试与发布。

（1）在 IDE 中，将自动编译程序。打开模拟器，在模拟器中可以调试小程序，如图 7-23 所示。

图 7-23 在模拟器中调试小程序

（2）点击"真机调试"按钮，如图 7-24 所示，小程序会自动推送到已登录用户的移动端钉钉，然后用户就可以在移动端钉钉进行调试。

图 7-24　点击"真机调试"按钮

（3）调试完成后，点击"上传版本"按钮，确认小程序版本，然后点击"上传版本"按钮上传版本，如图 7-25 所示。

图 7-25　上传版本

（4）上传成功后，打开钉钉开发者后台，选择"版本管理与发布"选项，然后选择已上传的版本，点击"发布"按钮发布版本，如图 7-26 所示。

图 7-26　发布版本

（5）默认发布后企业内部成员可使用该版本的应用，开发者可以设置使用该
应用的用户范围，然后点击"保存"按钮，如图 7-27 所示。

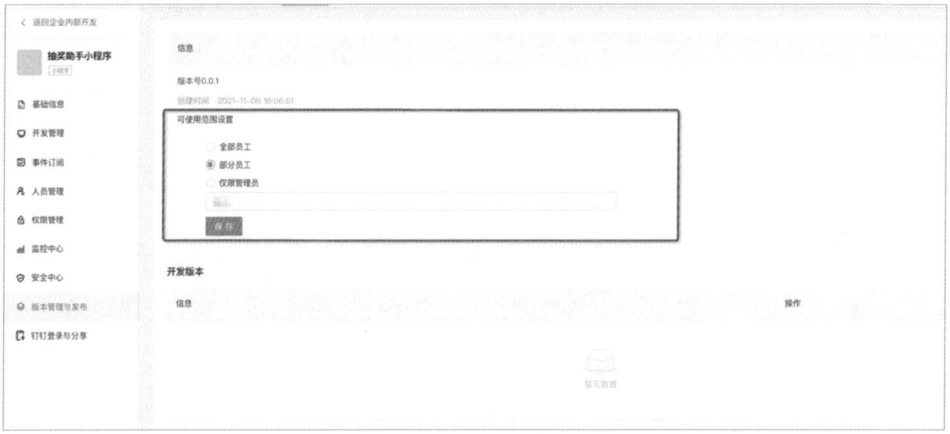

图 7-27　设置应用可使用的用户范围

小程序发布成功后，用户可在工作台中使用已发布的小程序应用。

第 8 章

钉钉小程序实战：会议室管理

　　会议室管理是一个企业内部常用的功能，本章实现一个简易版本的会议室管理小程序。本章所用代码可通过钉钉开放平台 GitHub 仓库获取：链接 12。

8.1　准备工作

在开始创建会议室管理小程序之前，首先要完成以下准备工作。

- 在钉钉开发者后台完成钉钉开发者的注册与激活并拥有子管理员和开发者权限。若尚未完成，可参考钉钉开放平台官方网站成为钉钉开发者部分进行操作。
- 安装 node.js 开发环境。若尚未完成，可访问 node.js 中文官方网站进行下载并安装。
- 下载并安装小程序开发者工具（IDE）。

8.2　设计思路

8.2.1　功能分析

满足企业日常会议室管理需求的小程序包含以下 3 个功能。

（1）会议室预定：用于预定某个时间段的会议室，半小时为一个占用单位。

（2）会议室预定查询：查询用户当前已经预定的会议室，可以取消预定。

（3）会议室管理：用户为 HR 管理同学，在后台管理办公场所存在的会议室。

8.2.2 功能开发设计

在分析完会议室管理小程序需要具备的功能之后，下面进行功能开发设计。

1. 首页功能开发设计

将会议室管理小程序的三个功能入口放在首页上，用户通过入口分别进入三个功能页面中，三个功能分别是会议室预定、我的预定和会议室管理，如图 8-1 所示。

图 8-1　首页

2. "会议室预定"页面功能开发设计

1）"会议室预定"页面

用户从首页进入"会议室预定"页面，如图 8-2 所示，在该页面中可看到会议室相关信息及当天可预定的时间段情况，通过该页面进入"会议室预定详情"页面预定合适的会议室。

2）"会议室预定详情"页面

在"会议室预定详情"页面中，用户可选择相应日期和可预定时间段预定会议室，如图 8-3 所示。

图 8-2　"会议室预定"页面

图 8-3　"会议室预定详情"页面

3."我的预定"页面功能开发设计

用户进入"我的预定"页面后，能够看到自己已预定的会议室列表，列表中包含会议室名称、可容纳人数、会议室地址、预定日期及预定时间段，同时可取消预定，如图 8-4 所示。

图 8-4　"我的预定"页面

4. "会议室管理"页面功能开发设计

HR 管理同学使用"会议室管理"页面在后台管理办公场所存在的会议室，管理操作包括新增会议室、编辑会议室相关信息及删除会议室，如图 8-5 所示。

图 8-5　"会议室管理"页面

8.3　开发流程

8.3.1　创建应用

本节将在钉钉开发者后台创建一个小程序应用，并完成基础配置。

（1）登录钉钉开发者后台。只有管理员和子管理员才可登录钉钉开发者后台。

（2）在如图 8-6 所示的钉钉开发者后台页面中，选择"应用开发"→"企业内部开发"选项，然后点击"创建应用"按钮。

图 8-6　钉钉开发者后台

（3）在弹出的"创建企业内部应用"页面中填写基本信息并选择应用类型和开发方式，然后点击"确定创建"按钮，如图 8-7 所示。

图 8-7　"创建企业内部应用"页面

（4）如图 8-8 所示，选择"人员管理"选项，然后点击"添加人员"按钮添加开发人员。

图 8-8　添加开发人员

8.3.2 小程序开发初始化

本节将完成小程序前端的配置。

（1）打开 IDE，点击"+"按钮新建小程序，如图 8-9 所示。

图 8-9　新建小程序

（2）如图 8-10 所示，首先在选择端选择"钉钉"选项，然后点击"下一步"按钮。

图 8-10　选择端

311

（3）如图 8-11 所示，选择空白模板，然后点击"下一步"按钮。

图 8-11　选择空白模板

（4）新建项目，将"类型选择"设置为"企业内部应用"，"项目名称"设置为 meeting-room-reservation，选择一个项目路径，然后点击"完成"按钮，如图 8-12 所示。

图 8-12　新建项目

（5）如图 8-13 所示，点击右上角的“登录”按钮，然后使用钉钉扫码登录。

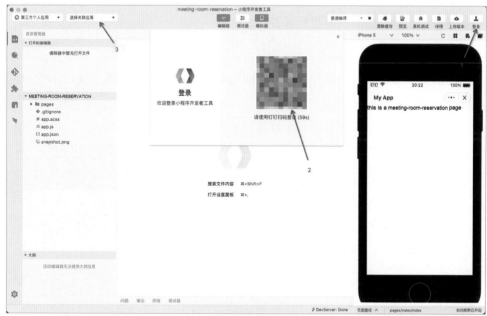

图 8-13　钉钉扫码登录

（6）登记成功后点击左上方按钮选择关联应用，这里选择之前创建的会议室管理小程序。至此，小程序开发初始化工作完成。

8.3.3　功能开发

本节介绍会议室管理小程序的各个页面的功能开发。在 8.2.2 节中已介绍，我们将开发的会议室管理小程序包括 4 个页面，分别是首页、"会议室预定"页面、"我的预定"页面、"会议室管理"页面。

在 IDE 右侧的模拟器中，可以看到当前默认的钉钉小程序标题是 My App。在 app.json 文件中，将 window 属性中 defaultTitle 的值修改为"会议室预定"。

```
{
  "pages": [
    "pages/index/index",
  ],
  "window": {
    "defaultTitle": "会议室预定"
```

313

```
    }
}
```

下面对各个页面的功能进行开发。

1. 首页

当前默认首页文件夹路径为 pages/index。在首页中，一共展示 3 个卡片分别代表各个功能的入口。

（1）打开 pages/index/index.axml 文件，增加 3 个卡片的结构。

```
<view class="index">
 <view class="reserve" onTap="toReserve">会议室预定</view>
 <view class="myReserve" onTap="toMyReserve">我的预定</view>
 <view class="manage" onTap="toManage">会议室管理</view>
</view>
```

（2）在 pages/index/index.acss 文件中增加相应样式。

```
.index {
 display: block;
 margin: auto;
 padding-top: 100rpx;
 width: 640rpx;
 height: 300rpx;
 text-align: center;
 line-height: 300rpx;
 font-family: PingFangSC-Semibold;
 font-size: 40rpx;
 color: #FFFFFF;
 cursor: pointer;
}
.reserve {
 margin: 40rpx auto;
 border-radius: 20rpx;
 background-image: linear-gradient(180deg, #FFCE67 2%, #F56621 100%);
}
.myReserve {
 margin: 40rpx auto;
 border-radius: 20rpx;
 background-image: linear-gradient(180deg, #5BE28B 2%, #245F4F 100%);
```

```
}
.manage {
  margin: 40rpx auto;
  border-radius: 20rpx;
  background-image: linear-gradient(180deg, #67F4FF 2%, #4121F5 100%);
}
```

（3）在 pages/index/index.js 文件中增加页面逻辑。

```
Page({
  onLoad(query) {
    // 页面加载
    console.info(`Page onLoad with query: ${JSON.stringify(query)}`);
  },
  toReserve() {
    dd.navigateTo({
      url: '/pages/meetingOrders/index'
    })
  },
  toMyReserve() {
    dd.navigateTo({
      url: '/pages/myOrder/index'
    })
  },
  toManage() {
    console.log('to manage')
    dd.navigateTo({
      url: '/pages/manage/index'
    })
  },
  onShareAppMessage() {
    // 返回自定义分享信息
    return {
      title: '会议室管理',
      desc: '会议室小程序',
      path: 'pages/index/index',
    };
  },
});
```

至此，首页功能开发完成。

2."会议室预定"页面

从首页点击"会议室预定"卡片进入"会议室预定"页面，如图 8-14 所示，在"会议室预定"页面中有一个以半小时为单位表示的时间线，我们先来开发该时间线组件。

图 8-14　"会议室预定"页面

1）时间线组件开发

（1）在工作目录中新建 components 文件夹，并在该文件夹中新建 timeline 文件夹，然后在 timeline 文件夹中新建 timeline 组件的相关文件，分别是 index.axml、index.js、index.acss、index.json。

（2）在 index.json 文件中添加以下配置代码，声明 timeline 为组件。

```
{
  "component": true
}
```

（3）在 index.axml 文件中添加以下页面结构代码。

```
<view>
  <view class="timeline">
    <view a:for="{{arr_leng_26}}" class="slots" a:for-item="arr">
      <view class="slot
        {{index === 0 ? 'first' : ''}}
        {{index === 25 ? 'last' : ''}}
```

```
      {{arr.disabled ? 'disabled' : ''}}
      {{arr.selected ? 'selected' : ''}}
    "></view>
  </view>
 </view>
 <view class="label">
  <view a:for="{{arr_leng_26}}" class="slot
    {{index === 0 ? 'first' : ''}}
    {{index === 25 ? 'last' : ''}}
    {{arr.disabled ? 'disabled' : ''}}
    {{arr.selected ? 'selected' : ''}}
  ">
    {{index % 2 === 0 ? index / 2 + 10 : ''}}
    {{index === 25 ? 23 : ''}}
  </view>
 </view>
</view>
```

（4）在 index.acss 文件中添加相应页面样式代码。

```
.timeline {
  height: 112rpx;
  margin-top: -32rpx;
  display: flex;
  z-index: 1;
  position: relative;
  padding: 0 1.92307%;
}


.slots {
  padding-top: 28rpx;
  padding-bottom: 40rpx;
  flex: 1;
  height: 100%;
  box-sizing: border-box;


}


.slots .slot {
  height: 100%;
```

```
  border: 2rpx solid rgba(36,56,88,.1);
  user-select: none;
}


.slots .disabled {
  background-color: rgba(151,174,204,.2);
}
.slots .selected {
  background-color: rgba(255,111,0,.3);
}
.slots .first {
  border-radius: 8rpx 0 0 8rpx;
}
.slot:not(.last) {
  border-right: none;
}


.label {
  margin-top: -28rpx;
  display: flex;
  color: #79889b;
  padding: 0 1%;
  transform: translateX(-1.92307%);
}


.label .slot {
  flex: 1;
  text-align: center;
}


.label .first {
  text-align: left;
}


.label .last {
  text-align: right;
  transform: translateX(50%);
}
```

（5）在 index.js 文件中添加页面逻辑代码。

```
import { getYear, times } from '../../util/utils';

const length = 26
const arr_leng_26 = new Array(length).fill(null)
const n = (48 - length - 2) / 2

Component({
  props: {
    item: {},
  },
  data: {
    arr_leng_26,
  },
  didMount() {
    const {
      item
    } = this.props
    const {
      arr_leng_26
    } = this.data
    const newArr_leng_26 = new Array(length).fill(null)
    arr_leng_26.map((s, index) => {
      const now = Date.now()
      const startHM = times[index + n * 2].content.split(' - ')[0]
      const endHM = times[index + n * 2].content.split(' - ')[1]
      if (new Date(`${getYear(now)} ${startHM}`).getTime() < now) {
        if (!newArr_leng_26[index]) {
          newArr_leng_26[index] = {}
        }
        newArr_leng_26[index].disabled = true
      }
      if (item.timeRanges) {
        item.timeRanges.forEach(range => {
          if (getYear(now) === getYear(range.endTime) && getYear(now) ===
getYear(range.startTime)) {
            if (
```

```
            new Date(`${getYear(range.endTime)} ${startHM}`).getTime() >=
range.startTime
            && new Date(`${getYear(range.endTime)} ${endHM}`).getTime() <=
range.endTime
          ) {
            if (!newArr_leng_26[index]) {
              newArr_leng_26[index] = {}
            }
            newArr_leng_26[index].selected = true
          }
        }
      })
    }
  })
  this.setData({
    arr_leng_26: newArr_leng_26
    })
  },
  methods: {
  }
})
```

其中，相关工具代码位于 util/utils.js 文件中。

```
import moment from 'moment';

moment.locale('zh-CN');

const times = [];

const getStartTime = i => {
  const num1 = String(parseInt(i / 2, 10)).padStart(2, '0');
  const num2 = String(parseInt(i % 2 === 0 ? '0' : '30', 10)).padStart(2, '0');
  return `${num1}:${num2}`;
}

const getEndTime = i => {
  const num1 = String(parseInt(i / 2, 10)).padStart(2, '0');
  const num3 = i % 2 === 0 ? num1 : String(parseInt(i / 2, 10) + 1).padStart(2,
'0')
```

```
    const num4 = String(parseInt(i % 2 === 0 ? '30' : '0', 10)).padStart(2, '0');
    return `${num3}:${num4}`;
}


for(let i = 0; i < 48; i += 1) {
  // 00:00 - 00:30   1,2,3,4
  times.push({
    content: `${getStartTime(i)} - ${getEndTime(i)}`,
    value: i
  });
}

const getRangeStrWithSeconds = (start, end) => {
  if (start > end) {
    [start, end] = [end, start];
  }
  const startYear = moment(start).format('ll');
  const endYear = moment(end).format('ll');
  const startTime = moment(start).format('HH:mm');
  const endTime = moment(end).format('HH:mm');
  if (startYear === endYear) {
    return `${startYear} ${startTime}-${endTime}`;
  }
  return `${startYear} ${startTime}-${endYear} ${endTime}`;
}

const getYear = time => {
  return moment(time).format('YYYY-MM-DD');
}

export {
  times,
  getStartTime,
  getEndTime,
  getRangeStrWithSeconds,
  getYear,
}
```

2）"会议室预定"页面开发

（1）在 pages 文件夹中新建 meetingOrders 文件夹，在该文件夹中分别新建 index.js、index.axml、index.acss、index.json 文件。

（2）在 app.json 文件中新增"会议室预定"页面的注册代码。

```
{
  "pages": [
    "pages/index/index",
    "pages/meetingOrders/index",
  ],
  "window": {
    "defaultTitle": "会议室预定"
  }
}
```

（3）在 pages/meetingOrders/index.axml 文件中添加页面结构代码。

```
<view>
  <view a:for="{{meetings}}" class="meetings" onTap="goOrder">
    <view class="name">
      {{item.name}}
    </view>
    <view class="num">
      {{`${item.num}人 | ${item.address}`}}
    </view>
    <timeline item="{{item}}"/>
  </view>
</view>
```

（4）在 pages/meetingOrders/index.js 文件中添加页面逻辑代码。

```
import request from '../../util/request.js'

Page({
  data: {
    meetings: [],
  },
  onLoad(query) {
    // 页面加载
    this.getData();
  },
```

```
getData() {
  request({
    url: 'room/list_full_room',
  }).then(res => {
    this.setData({
      meetings: res.result.meetings
    })
  })
},
goOrder() {
  dd.navigateTo({
    url: '/pages/meetingOrder/index'
  })
},
onShareAppMessage() {
  // 返回自定义分享信息
  return {
    title: '会议室管理',
    desc: '会议室管理小程序',
    path: 'pages/index/index',
  };
},
}));
```

在上述代码中引入了 request 函数，用于请求数据，所以在 util 文件夹中新建 request.js 文件。

```
// request.js
import { getMockData } from '../mock'

const mock = true

const request = async ({url, type, params}) => {
  const baseUrl = ''

  if (mock) {
    if (url.indexOf('?') !== -1) {
      url = url.split('?')[0];  // 先去掉 query, 使用随机 mock 的数据
    }
```

```
  return new Promise((resolve, reject) => {
    setTimeout(() => {
      const data = getMockData(url, params)
      resolve(data)
    }, 100)
  })
}


return new Promise((resolve, reject) => {
  //设置默认数据传输格式
  let methonType = "application/json"
  const method = type || 'GET'
  //判断请求方式
  if (method === 'PUT') {
    const p = Object.keys(params).map(function(key) {
      return encodeURIComponent(key) + "=" + encodeURIComponent(params[key])
    }).join("&")
    url += '?' + p
    params = {}
  }
  if (method == "POST") {
    methonType = "application/json"
  }
  //验证基础库
  if (dd.httpRequest) {
    //开始正式请求
    dd.httpRequest({
      url: baseUrl + url,
      method: method,
      headers: {
        'content-type': methonType,
      },
      data: JSON.stringify(params),
      timeout: 10000,
      //成功回调
      success: (res) => {
        if(res.status === 200){
          resolve(res.data)
```

```
      } else {
        dd.showToast({
          type: 'fail',
          content: res.data.message,
          duration: 5000,
          success: () => {
          },
        })
        reject('请求异常')
      }
    },
    //错误回调
    fail(error) {
      dd.showToast({
        type: 'fail',
        content: error.errorMessage,
        duration: 5000,
        success: () => {
        },
      })
      reject(error)
    },
  })
} else {
  // 如果希望用户在最新版本的客户端上体验你的小程序，则可以给出如下提示
  dd.alert({
    title: '提示',
    content: '当前钉钉版本过低，无法使用此功能，请升级到最新版本'
  })
}
})
}
export default request
```

在本次小程序实战案例中，我们采用 mock 数据的形式进行开发。我们使用了 mock.js 文件模拟数据请求。在实际项目生产开发中，开发者可以将请求对应的后端 url 替换成真实的接口 url。

下面我们介绍利用 mockjs 库配置 mock 数据的能力。

① 执行 npm init 命令初始化项目，按照默认配置一直按回车键初始化项目或按照提示进行相应配置。初始化完成后，项目文件夹内将新增 package.json 文件。

② 打开终端，在项目工作路径下执行 npm install mockjs --save 命令安装并保存 mockjs 依赖。

③ 新建 mock.js 文件，进行 mock 数据的配置。

④ 安装并保存其他项目依赖，包括 ui 组件库和 moment 库(执行 npm install mini-ali-ui moment --save 命令)，也可以使用其他库，实现类似功能。

示例代码：

```
const Mock = require('mockjs')
const Random = Mock.Random

const listRoom = Mock.mock({
  'meetings|2-5': [{
    'id|+1': 1,
    'num': Random.integer(1, 10),
    'address|1': ['未来park 3号楼', '未来park 5号楼', '未来park 10号楼'],
    'name|1': ['1号会议室', '2号会议室', '3号会议室', '4号会议室', '5号会议室']
  }]
})

const userRoom = Mock.mock({
  'meetings|2-5': [{
    'room': {
      'id|+1': 1,
      'num': Random.integer(1, 10),
      'address|1': ['未来park 3号楼', '未来park 5号楼', '未来park 10号楼'],
      'name|1': ['1号会议室', '2号会议室', '3号会议室', '4号会议室', '5号会议室'],
      'range|1': ['2026.07.01 14:00-15:00', '2026.08.01 16:00-17:00',
'2026.10.01 05:00-06:00'],
    }
  }]
})

const listFullRoom = Mock.mock({
  'meetings|2-5': [{
    'id|+1': 1,
```

```
    'num': Random.integer(1, 10),
    'address|1': ['未来 park 3 号楼', '未来 park 5 号楼', '未来 park 10 号楼'],
    'name|1': ['1 号会议室', '2 号会议室', '3 号会议室', '4 号会议室', '5 号会议室'],
    'timeRanges': [
      {
        startTime: new Date('2021-06-30 13:00').getTime(),
        endTime: new Date('2021-06-30 18:00').getTime()
      }
    ]
  }]
})

const listOneRoom = Mock.mock({
  'room': {
    'id|+1': 1,
    'num': Random.integer(1, 10),
    'address|1': ['未来 park 3 号楼', '未来 park 5 号楼', '未来 park 10 号楼'],
    'name|1': ['1 号会议室', '2 号会议室', '3 号会议室', '4 号会议室', '5 号会议室'],
    'timeRanges': [
      {
        startTime: new Date('2021-06-30 13:00').getTime(),
        endTime: new Date('2021-06-30 18:00').getTime()
      }
    ]
  }
})

const getListRoom = {
  success: true,
  result: listRoom
}

const getUserRooms = {
  success: true,
  result: userRoom
}

const getListFullRoom = {
```

```
  success: true,
  result: listFullRoom
}

const getListOneRoom = {
  success: true,
  result: listOneRoom
}

export const getMockData = (url, params) => {
  switch(url) {
    case 'room/list_room':
      // 会议室列表
      return getListRoom
    case 'room/get_user_order_rooms':
      // 我的预定
      return getUserRooms
    case 'room/list_full_room':
      // 所有会议室
      return getListFullRoom
    case 'room/list_one_room':
      return getListOneRoom
    default:
      throw 'no match url'
  }
}
```

（5）在 pages/meetingOrders/index.acss 文件中添加页面样式代码。

```
page {
  background-color: #EDEDEE;
}
.top {
  position: fixed;
  width: 100%;
  top: 0;
  left: 0;
  z-index: 10;
  background-color: #EDEDEE;
}
```

```
.meeting {
  padding: 20rpx;
  background-color: #ffffff;
  margin-bottom: 20rpx;
}
.name {
  padding-bottom: 10rpx;
}
.num {
  font-size: 30rpx;
  padding-bottom: 10rpx;
  color: #999999;
}
.row {
  display: flex;
  justify-content: space-between;
}
.calender-date {
  display: inline-block;
  padding: 15rpx;
  border: 2rpx solid rgba(36,56,88,.1);
  line-height: 60rpx;
  height: 60rpx;
}
.switch-show {
  display: inline-block;
  color: #999999;
  height: 60rpx;
}
.content {
  margin-top: 308rpx;
}
.hint {
  display: inline;
  line-height: 60rpx;
  vertical-align: middle;
}
.am-switch {
```

```
  padding: 15rpx;
}
.manage-bottom {
  position: fixed;
  bottom: 0;
  padding: 50rpx 80rpx;
  width: calc(100% - 160rpx);
  background-color: #ffffff;
  z-index: 10;
}
```

（6）在 pages/meetingOrders/index.json 文件中添加页面配置代码。

```
{
  "defaultTitle": "会议室预定",
  "usingComponents":{
    "list": "mini-ali-ui/es/list/index",
    "list-item": "mini-ali-ui/es/list/list-item/index",
    "am-switch": "mini-ali-ui/es/am-switch/index",
    "am-checkbox": "mini-ali-ui/es/am-checkbox/index"
  }
}
```

3）"会议室预定详情"页面开发

（1）如图 8-15 所示，新建 meetingOrder 文件夹，在该文件夹中分别新建
index.acss、index.axml、index.js、index.json 文件并在 app.json 文件中增加"会议
室预定详情"页面注册代码。

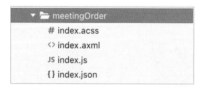

图 8-15　新建 meetingOrder 文件夹及相关文件

示例代码：

```
// app.json
{
  "pages": [
    "pages/index/index",
    "pages/meetingOrders/index",
```

```
    "pages/meetingOrder/index"
  ],
  "window": {
    "defaultTitle": "会议室预定"
  }
}
```

（2）在 pages/meetingOrder/index.axml 文件中添加页面结构代码。

```
<view>
  <view class="top">
    <view class="meeting">
      <view class="name">
        {{room.name}}
      </view>
      <view class="num">
        {{`${room.num}人 | ${room.address}`}}
      </view>
    </view>
    <view class="meeting row">
      <view class="calender-date" onTap="datePicker" data-type="reserverTime">
        <text>{{reverveDate}}</text>
      </view>
      <view class="switch-show">
        <view class="hint">只显示可预定时段</view>
        <am-switch checked onChange="switchChange"/>
      </view>
    </view>
  </view>
  <scroll-view scroll-y="{{true}}" class="content">
    <list>
      <view a:for="{{times}}">
        <list-item
          onClick="onItemClick"
          data-value="{{item.value}}"
        >
          {{item.content}}
          <view slot="extra">
            <am-checkbox ctrlChecked="{{true}}" value="{{item.value}}"
disabled="{{item.disabled}}" checked="{{item.checked}}" />
```

```
        </view>
      </list-item>
    </view>
  </list>
 </scroll-view>
 <view class="manage-bottom">
  <button size="middle" type="primary" onTap="onOrder">立即预定</button>
 </view>
</view>
```

（3）在 pages/meetingOrder/index.acss 文件中添加页面样式代码。

```
page {
  background-color: #EDEDEE;
}
.top {
  position: fixed;
  width: 100%;
  top: 0;
  left: 0;
  z-index: 10;
  background-color: #EDEDEE;
}
.meeting {
  padding: 20rpx;
  background-color: #ffffff;
  margin-bottom: 20rpx;
}
.name {
  padding-bottom: 10rpx;
}
.num {
  font-size: 30rpx;
  padding-bottom: 10rpx;
  color: #999999;
}
.row {
  display: flex;
  justify-content: space-between;
}
```

```
.calender-date {
  display: inline-block;
  padding: 15rpx;
  border: 2rpx solid rgba(36,56,88,.1);
  line-height: 60rpx;
  height: 60rpx;
}
.switch-show {
  display: inline-block;
  color: #999999;
  height: 60rpx;
}
.content {
  margin-top: 308rpx;
}
.hint {
  display: inline;
  line-height: 60rpx;
  vertical-align: middle;
}
.am-switch {
  padding: 15rpx;
}
.manage-bottom {
  position: fixed;
  bottom: 0;
  padding: 50rpx 80rpx;
  width: calc(100% - 160rpx);
  background-color: #ffffff;
  z-index: 10;
}
```

（4）在 pages/meetingOrder/index.js 文件中添加页面逻辑代码。

```
import moment from 'moment'
import request from '../../util/request.js'
import { times, getYear } from '../../util/utils';

Page({
  data: {
```

```
  room: {},
  reverveDate: moment().format('YYYY-MM-DD'),
  switchShow: false,
  times: [],
  filtedTimes: [],
  allTimes: [],
},
onLoad(query) {
  // 页面加载
  this.getData();
},
getData() {
  request({
    url: 'room/list_one_room',
  }).then(res => {
    const room = res.result.room
    this.setData({
      room,
    })

    times.forEach((item, index) => {
      const now = Date.now();
      const startHM = item.content.split(' - ')[0];
      const endHM = item.content.split(' - ')[1];
      if (new Date(`${this.data.reverveDate} ${startHM}`).getTime() < now) {
        item.disabled = true;
      }
      if (room.timeRanges) {
        room.timeRanges.forEach(range => {
          if (
            getYear(now) === getYear(range.endTime) &&
            getYear(now) === getYear(range.startTime)
          ) {
            if (
              new Date(`${getYear(range.endTime)} ${startHM}`).getTime() >=
                range.startTime &&
              new Date(`${getYear(range.endTime)} ${endHM}`).getTime() <=
range.endTime
```

```
          ) {
            item.disabled = true;
          }
        }
      });
    }
  })
  const filtedTimes = times.filter(i => !i.disabled)
  this.setData({
    times: filtedTimes,
    filtedTimes,
    allTimes: times
  })
}).catch(err => {
  console.error(err)
})
},
// 选择日期
datePicker(e) {
  dd.datePicker({
    format: 'yyyy-MM-dd',
    currentDate: moment().format('YYYY-MM-DD'),
    startDate: moment().subtract(1, 'Y'),
    endDate: moment().add(1, 'Y'),
    success: (res) => {
      e.detail.value = res.date
      this.setData({
        reverveDate: res.date
      })
    },
  })
},
switchChange(e) {
  this.setData({
    switchShow: e.detail.value
  })
  if (e.detail.value) {
    this.setData({
```

```
      times: this.data.filtedTimes
    })
  } else {
    this.setData({
      times: this.data.allTimes
    })
  }
},
onItemClick(e) {

},
onOrder(e) {
  // 拓展：请开发者自行完善保存会议室预定部分
  // 相关参数
  const params = {}
  request({
    url: 'room/order_room',
    type: 'post',
    params,
  }).then((res) => {
    if (res.success) {
      // 保存成功
    }
  }).catch(error => {
    console.error(error)
    dd.alert({
      title: res.message,
      content: error,
      buttonText: '返回',
      success: () => {}
    })
  })
},
onShareAppMessage() {
  // 返回自定义分享信息
  return {
    title: '会议室管理',
    desc: '会议室管理小程序',
```

```
    path: 'pages/index/index',
  };
 },
});
```

（5）在 pages/meetingOrder/index.json 文件中添加页面配置代码。

```
{
 "defaultTitle": "会议室预定",
 "usingComponents":{
  "list": "mini-ali-ui/es/list/index",
  "list-item": "mini-ali-ui/es/list/list-item/index",
  "am-switch": "mini-ali-ui/es/am-switch/index",
  "am-checkbox": "mini-ali-ui/es/am-checkbox/index"
 }
}
```

3."我的预定"页面

（1）如图 8-16 所示，在 pages 文件夹中新建 myOrder 文件夹并在该文件夹中分别新建 index.acss、index.axml、index.js 和 index.json 文件。

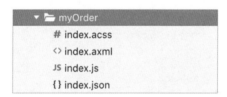

图 8-16　新建 myOrder 文件夹及相关文件

（2）在 app.json 文件中新增"我的预定"页面的注册代码。

```
{
 "pages": [
  "pages/index/index",
  "pages/meetingOrders/index",
  "pages/meetingOrder/index",
  "pages/myOrder/index",
 ],
 "window": {
  "defaultTitle": "会议室预定"
 }
}
```

（3）在 pages/myOrder/index.axml 文件中添加页面结构代码。

```
<view class="my-order">
  <view a:if="{{!meetings.length}}" class="empty">暂无预定</view>
  <view a:for="{{meetings}}">
    <view class="list-container">
      <view class="list-left">
        <view class="name">{{item.room.name}}</view>
        <view class="num">{{`${item.room.num}人 |
${item.room.address}`}}</view>
        <view class="range">{{item.room.range}}</view>
      </view>
      <view class="list-right">
        <button size="small" type="warn" onTap="handleCancel"
data-id="{{item.room.id}}">取消预定</button>
      </view>
    </view>
  </view>
  <modal
    show="{{modalOpened}}"
    showClose="{{false}}"
    onModalClick="onModalClick"
    onModalClose="onModalClose"
    onButtonClick="onButtonClick"
    buttons="{{buttons}}"
  >
    <view slot="header">{{`是否确认取消预定`}}</view>
    取消预定后会议室使用权将被释放
  </modal>
</view>
```

（4）在 pages/myOrder/index.acss 文件中添加页面样式代码。

```
page {
  background-color: rgb(237, 237, 238);
}
.my-order {
  padding-top: 5rpx;
}
```

```
.list-container {
  background-color: #ffffff;
  display: flex;
  flex-direction: row;
  align-items: center;
  padding: 30rpx 30rpx;
  margin: 30rpx 0;
}

.list-left {
  width: 580rpx;
}

.list-right {
  display: inline-block;
}

.list-right > button {
  padding: 2rpx 20rpx;
}

.am-button-warn {
  font-size: 24rpx;
  height: 56rpx;
}

.am-button-content {
  line-height: 56rpx;
}

.name {
  font-size: 36rpx;
  padding-bottom: 10rpx;
}

.num {
  font-size: 28rpx;
  padding-bottom: 40rpx;
```

```
}

.range {
  font-size: 28rpx;
}

.delete-button {
  color: red;
}

.empty {
  color: #333333;
  margin: 100rpx auto;
  text-align: center;
}
```

（5）在 pages/myOrder/index.js 文件中添加页面逻辑代码。

```
import request from '../../util/request.js'

Page({
  data: {
    meetings: [],
    id: '', // 取消预定的会议室 ID
    modalOpened: false,
    buttons: [{text: '关闭', action: 'close'}, {text: '确认', action: 'delete',
extClass: 'delete-button'}]
  },
  onLoad(query) {
    // 页面加载
    this.getData()
  },
  getData() {
    request({
      url: 'room/get_user_order_rooms',
      type: 'get',
    }).then(res => {
      this.setData({
        meetings: res.result.meetings
      })
```

```
  }).catch(err => {
    dd.alert({
      title: err,
      buttonText: '返回',
      success: () => {}
    })
  })
},
handleCancel(e) {
  const id = e.target.dataset.id
  this.setData({
    id,
    modalOpened: true
  })
},
onModalClose() {
  this.setData({
    modalOpened: false,
  })
},
onButtonClick(e) {
  const { action } = e.currentTarget.dataset.item
  if (action === 'close') {
    this.onModalClose()
  } else {
    this.cancelReserve()
  }
},
cancelReserve() {
  const {
    meetings,
    id
  } = this.data
  this.setData({
    meetings: meetings.filter(i => i.room.id !== id)
  })
  this.onModalClose()
  dd.device.notification.toast({
```

```
    text: '取消预定成功',
    duration: 2000,
    delay: 500
  })
},
onShareAppMessage() {
  // 返回自定义分享信息
  return {
    title: '会议室管理',
    desc: '会议室管理小程序',
    path: 'pages/index/index',
  };
},
});
```

（6）在 pages/myOrder/index.json 文件中添加页面配置代码。

```
{
  "defaultTitle": "我的预定",
  "usingComponents": {
    "list": "mini-ali-ui/es/list/index",
    "list-item": "mini-ali-ui/es/list/list-item/index",
    "button": "mini-ali-ui/es/button/index",
    "modal": "mini-ali-ui/es/modal/index"
  }
}
```

4．"会议室管理"页面

（1）如图 8-17 所示，在 pages 文件夹中新建 manage 文件夹并在该文件夹中分别新建 index.acss、index.axml、index.js 和 index.json 文件。

图 8-17　新建 manage 文件夹及相关文件

（2）在 app.json 文件中新增"会议室管理"页面的注册代码。

```
{
  "pages": [
    "pages/index/index",
    "pages/meetingOrders/index",
    "pages/meetingOrder/index",
    "pages/myOrder/index",
    "pages/manage/index",
  ],
  "window": {
    "defaultTitle": "会议室预定"
  }
}
```

（3）在 pages/manage/index.axml 文件中添加页面结构代码。

```
<view class="manage">
  <view a:if="{{!meetings.length}}" class="empty">暂无会议室</view>
  <view a:for="{{meetings}}">
    <list>
      <list-item
        onClick="onItemClick"
        key="item-{{item.id}}"
        title="{{item.name}}"
        lowerSubtitle="{{`${item.num}人 | ${item.address}`}}"
      >
        {{item.name}}
        <view slot="extra">
          <button data-id={{item.id}} slot="extra" type="primary"
shape="capsule" onTap="handleEdit">编辑</button>
          <button data-id={{item.id}} slot="extra" type="warn" shape="capsule"
onTap="handleDelete">删除</button>
        </view>
      </list-item>
    </list>
  </view>
  <view class="manage-bottom">
    <button size="middle" type="primary" onTap="handleAdd">新增会议室</button>
  </view>
  <modal
    show="{{modalOpened}}"
```

```
  showClose="{{false}}"
  onModalClick="onModalClick"
  onModalClose="onModalClose"
  onButtonClick="onButtonClick"
  buttons="{{buttons}}"
 >
  <view slot="header">{{`是否确认删除会议室`}}</view>
  删除后不可恢复
 </modal>
</view>
```

（4）在 pages/manage/index.acss 文件中添加页面样式代码。

```
.empty {
 color: #333333;
 margin: 100rpx auto;
 text-align: center;
}
.am-list-extra button {
 margin-left: 20rpx;
}
.manage-bottom {
 position: fixed;
 bottom: 20rpx;
 padding: 24rpx 80rpx;
 width: calc(100% - 160rpx);
}
.delete-button {
 color: red;
}
```

（5）在 pages/manage/index.js 文件中添加页面逻辑代码。

```
import request from '../../util/request.js'

const app = getApp()
Page({
 data: {
  meetings: [],
  modalOpened: false,
```

```
    buttons: [{text: '关闭', action: 'close'}, {text: '删除', action: 'delete',
extClass: 'delete-button'}]
  },
  onLoad(query) {
    // 页面加载
    this.getData();
  },
  onShow() {
    this.setData({
      meetings: app.globalData.meetings
    })
  },

  handleEdit(e) {
    const { id } = e.target.dataset
    dd.navigateTo({
      url: `/pages/new/index?id=${id}`
    })
  },
  handleDelete(e) {
    const { id } = e.target.dataset
    this.setData({
      currentId: id,
    })
    this.openModal()
  },
  handleAdd() {
    dd.navigateTo({
      url: '/pages/new/index'
    })
  },
  openModal() {
    this.setData({
      modalOpened: true,
    });
  },
  onModalClick() {
    this.setData({
```

```
    modalOpened: false,
  });
},
onModalClose() {
  this.setData({
    modalOpened: false,
  });
},
onButtonClick(e) {
  const { action } = e.currentTarget.dataset.item
  if (action === 'close') {
    this.onModalClose()
  } else {
    this.deleteMeetingRoom()
  }
},
deleteMeetingRoom() {
  const oldMeetings = this.data.meetings
  const meetings = oldMeetings.filter(i => i.id !== this.data.currentId)
  this.setData({
    meetings
  })
  app.globalData.meetings = meetings
  this.onModalClose()
  request({
    url: 'room/delete_room',
    type: 'delete',
    params: {
      id: this.data.currentId,
    }
  }).then(res => {
    dd.showToast({
      type: 'success',
      content: '删除成功',
      duration: 2000,
    })
  }).catch(err => {
    dd.alert({
```

```
        title: err,
        buttonText: '返回',
        success: () => {}
      })
    })
  },
  getData() {
    const params = {
      a: 1
    }
    dd.showLoading({
      content: '正在加载……'
    })
    request({
      url: 'room/list_room',
      type: 'post',
      params,
    }).then(res => {
      dd.hideLoading()
      if (res.success) {
        this.setData({
          meetings: res.result.meetings
        })
        app.globalData.meetings = this.data.meetings
      }
    }).catch(err => {
      dd.alert({
        title: err,
        buttonText: '返回',
        success: () => {}
      })
    })
  },
  onShareAppMessage() {
    // 返回自定义分享信息
    return {
      title: '会议室管理',
      desc: '会议室管理小程序',
```

```
    path: 'pages/index/index',
  };
 },
});
```

其中，将数据存储在全局并模拟与后台交互的流程。

```
// app.js
App({
 globalData: {
  meetings: []
 },
 onLaunch(options) {
  // 第一次打开
  // options.query == {number:1}
  console.info('App onLaunch');
 },
 onShow(options) {
  // 从后台被 scheme 重新打开
  // options.query == {number:1}
 },
});
```

（6）在 pages/manage/index.json 文件中添加页面配置代码。

```
{
 "defaultTitle": "会议室管理",
 "usingComponents": {
  "list": "mini-ali-ui/es/list/index",
  "list-item": "mini-ali-ui/es/list/list-item/index",
  "button": "mini-ali-ui/es/button/index",
  "modal": "mini-ali-ui/es/modal/index"
 }
}
```

5. "新增会议室" / "编辑会议室" 页面

在"会议室管理"页面中，通过点击"新增会议室"按钮，进入"新增会议室"页面；通过点击会议室列表中的"编辑"按钮，进入"编辑会议室"页面。从用户角度来看，"新增会议室"和"编辑会议室"页面是两个页面，但是从编码角度来看，这两个页面的表单项相同，我们只需对数据和逻辑做兼容处理，在一个页面内完成这两个页面的功能即可。

（1）如图 8-18 所示，在 pages 文件夹中新建 new 文件夹并在该文件夹中分别新建 index.acss、index.axml、index.js 和 index.json 文件。

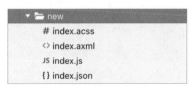

图 8-18　新建 new 文件夹及相关文件

（2）在 app.json 文件中新增"新增会议室"/"编辑会议室"页面的注册代码。

```
{
  "pages": [
    "pages/index/index",
    "pages/meetingOrders/index",
    "pages/meetingOrder/index",
    "pages/myOrder/index",
    "pages/manage/index",
    "pages/new/index"
  ],
  "window": {
    "defaultTitle": "会议室预定"
  }
}
```

（3）在 pages/new/index.axml 文件中添加页面结构代码。

```
<view>
  <list>
    <view slot="header">
      会议室信息
    </view>
    <input-item data-field="name"
      placeholder="请输入会议室名称"
      type="text"
      value="{{name}}"
      clear="{{true}}"
      onInput="onNameInput"
```

```
        onClear="onClear">
    名称
  </input-item>
  <input-item data-field="num"
    placeholder="请输入数字"
    type="number"
    value="{{num}}"
    clear="{{true}}"
    onInput="onNumInput"
    onClear="onClear">
    人数
  </input-item>
  <input-item data-field="address"
    placeholder="请输入会议室地址"
    type="text"
    value="{{address}}"
    clear="{{true}}"
    onInput="onAddressInput"
    onClear="onClear">
    地址
  </input-item>
</list>
<view class="manage-bottom">
  <button size="middle" type="primary" onTap="handleConfirm">确认</button>
</view>
</view>
```

（4）在 pages/new/index.acss 文件中添加页面样式代码。

```
.manage-bottom {
  position: fixed;
  bottom: 20rpx;
  padding: 24rpx 80rpx;
  width: calc(100% - 160rpx);
}
```

（5）在 pages/new/index.js 文件中添加页面逻辑代码。

```
const app = getApp()

Page({
```

```
  data: {
    id: '',
    name: '',
    num: '',
    address: '',
    edit: false,
  },
  onLoad(query) {
    if (query.id) {
      const current = app.globalData.meetings.filter(i => String(i.id) ===
query.id)[0];
      this.setData({
        name: current.name,
        num: current.num,
        address: current.address,
        id: current.id,
        edit: true
      })
      dd.setNavigationBar({
        title: '编辑会议室',
      });
    }
  },
  onNameInput(e) {
    this.setData({
      name: e.detail.value,
    })
  },
  onNumInput(e) {
    this.setData({
      num: e.detail.value,
    })
  },
  onAddressInput(e) {
    this.setData({
      address: e.detail.value
    })
  },
```

```
handleConfirm() {
  const {
    id,
    num,
    name,
    address,
    edit
  } = this.data

  if (!num || !name || !address) {
    dd.alert({
      title: '请填写完整信息',
      buttonText: '返回',
      success: () => {}
    })
    return
  }

  if (edit) {
    app.globalData.meetings = app.globalData.meetings.filter(i => i.id !== id)
  }

  app.globalData.meetings.push({
    id: Date.now(),
    num,
    name,
    address
  })
  dd.navigateBack()
},
onShareAppMessage() {
  // 返回自定义分享信息
  return {
    title: '会议室管理',
    desc: '会议室管理小程序',
    path: 'pages/index/index',
  };
},
});
```

（6）在 pages/new/index.json 文件中添加页面配置代码。

```
{
  "defaultTitle": "新增会议室",
  "usingComponents": {
    "list": "mini-ali-ui/es/list/index",
    "input-item": "mini-ali-ui/es/input-item/index",
    "button": "mini-ali-ui/es/button/index"
  }
}
```

至此，所有页面功能开发完成。

8.3.4 应用的调试与发布

本节将完成应用的调试与发布。

（1）在 IDE 中，将自动编译程序。打开模拟器，在模拟器中可以调试小程序，如图 8-19 所示。

图 8-19 在模拟器中调试小程序

（2）点击"真机调试"按钮，如图 8-20 所示，小程序会自动推送到已登录用户的移动端钉钉，然后用户就可以在移动端钉钉进行调试。

图 8-20　点击"真机调试"按钮

（3）调试完成后，点击"上传版本"按钮，确认小程序版本，然后点击"上传版本"按钮上传版本，如图 8-21 所示。

图 8-21　上传版本

（4）上传成功后，打开钉钉开发者后台，选择"版本管理与发布"选项，然后选择已上传的版本，点击"发布"按钮发布版本，如图 8-22 所示。

图 8-22 发布版本

（5）默认发布后企业内部成员可使用该版本的应用，开发者可以设置使用该应用的用户范围，然后点击"保存"按钮，如图 8-23 所示。

图 8-23 设置应用可使用的用户范围

小程序发布成功后，用户可在工作台中使用已发布的小程序应用。

附录 A

钉钉小程序 JSAPI 总览

1. 基础

API 名称	API 说明	企业内部应用	第三方企业应用	第三方个人应用
dd.canIUse	判断小程序的 API、回调、参数、组件等是否在当前版本中可用	支持	支持	支持
获取基础库版本号	获取基础库版本号	支持	支持	支持

2. 免登

API 名称	API 说明	企业内部应用	第三方企业应用	第三方个人应用
dd.getAuthCode	获取小程序免登授权码	支持	支持	支持

3. 更新管理小程序

API 名称	API 说明	企业内部应用	第三方企业应用	第三方个人应用
dd.getUpdateManager	获取全局唯一的版本更新管理器，用于管理小程序的更新	支持	支持	支持
UpdateManager.applyUpdate	强制小程序重启并使用新版本	支持	支持	支持

续表

API 名称	API 说明	企业内部应用	第三方企业应用	第三方个人应用
UpdateManager.onCheckForUpdate (function callback)	监听向钉钉后台请求检查更新结果事件	支持	支持	支持
UpdateManager.onUpdateReady (function callback)	监听小程序版本更新事件	支持	支持	支持
UpdateManager.onUpdateFailed (function callback)	监听小程序更新失败事件	支持	支持	支持

4. 网络

类 目	API 名称	API 说明	企业内部应用	第三方企业应用	第三方个人应用
发送网络请求	dd.httpRequest	发送 HTTP 网络请求	支持	支持	支持
上传/下载	dd.uploadFile	将本地资源上传到服务器	支持	支持	支持
	dd.downloadFile	下载文件资源到本地	支持	支持	支持
WebSocket	dd.connectSocket	创建 WebSocket 的连接	支持	支持	支持
	dd.onSocketOpen	监听 WebSocket 连接打开事件	支持	支持	支持
	dd.offSocketOpen	取消监听 WebSocket 连接打开事件	支持	支持	支持
	dd.onSocketError	监听 WebSocket 错误事件	支持	支持	支持
	dd.offSocketError	取消监听 WebSocket 错误事件	支持	支持	支持
	dd.sendSocketMessage	通过 WebSocket 连接发送数据	支持	支持	支持
	dd.onSocketMessage	监听 WebSocket 接收服务器消息事件	支持	支持	支持
	dd.offSocketMessage	取消监听 WebSocket 接收服务器消息事件	支持	支持	支持
	dd.closeSocket	关闭 WebSocket 连接	支持	支持	支持
	dd.onSocketClose	监听 WebSocket 连接关闭事件	支持	支持	支持
	dd.offSocketClose	取消监听 WebSocket 连接关闭事件	支持	支持	支持

5. 多媒体

类 目	API 名称	API 说明	企业内部应用	第三方企业应用	第三方个人应用
图片	dd.chooseImage	选择图片	支持	支持	支持
	dd.previewImage	预览图片	支持	支持	支持
	dd.saveImage	保存在线、本地临时或者永久地址图片到手机相册	支持	支持	支持
	dd.compressImage	压缩图片	支持	支持	支持
	dd.getImageInfo	扫码体验	支持	支持	支持
图片编辑	dd.editPicture	编辑图片（支持远程 https 图片地址和本地虚拟路径），提供涂鸦、裁剪、马赛克等功能	支持	支持	支持
录音管理	dd.getRecorderManager	获取当前小程序全局唯一的录音管理器 recordManager	支持	支持	支持
背景音频管理	dd.getBackgroundAudioManager	获取当前小程序全局唯一的背景音频管理器 backgroundAudioManager	支持	支持	支持
视频	dd.chooseVideo	选择视频	支持	支持	支持

6. 节点查询

API 名称	API 说明	企业内部应用	第三方企业应用	第三方个人应用
dd.createIntersectionObserver	创建并返回一个 IntersectionObserver 对象实例	支持	支持	支持
dd.createSelectorQuery	节点查询	支持	支持	支持

7. 页面

类 目	API 名称	API 说明	企业内部应用	第三方企业应用	第三方个人应用
导航栏	dd.navigateTo	保留当前页面，跳转到应用内的某个指定页面，可以使用 dd.navigateBack 返回原来页面	支持	支持	支持
	dd.redirectTo	关闭当前页面，跳转到应用内的某个指定页面	支持	支持	支持

续表

类　　目	API 名称	API 说明	企业内部应用	第三方企业应用	第三方个人应用
导航栏	dd.navigateBack	关闭当前页面，返回上一级或多级页面	支持	支持	支持
	dd.reLaunch	关闭当前所有页面，跳转到应用内的某个指定页面	支持	支持	支持
	dd.setNavigationBar	设置导航栏文字及样式	支持	支持	支持
显示模式	dd.getColorSchemeSync	获取小程序当前的显示模式	支持	支持	支持
tabBar	dd.switchTab	跳转到指定 tabBar 页面，并关闭其他所有非 tabBar 页面	支持	支持	支持
	dd.setTabBarBadge	为 tabBar 某一项的右上角添加文本	支持	支持	支持
	dd.removeTabBarBadge	移除 tabBar 某一项右上角的文本	支持	支持	支持
	dd.showTabBarRedDot	显示 tabBar 某一项右上角的红点	支持	支持	支持
	dd.addTabBarItem	添加 tabBar 页面	支持	支持	支持
	dd.hideTabBarRedDot	隐藏 tabBar 某一项右上角的红点	支持	支持	支持
交互反馈	dd.alert	alert 警告框	支持	支持	支持
	dd.confirm	confirm 确认框	支持	支持	支持
	dd.showToast	显示一个弱提示，可选择多少秒之后消失	支持	支持	支持
	dd.showLoading	显示加载提示	支持	支持	支持
	dd.hideToast	隐藏加载提示	支持	支持	支持
	dd.showActionSheet	显示操作菜单	支持	支持	支持
离开页面二次确认	dd.enableLeaveConfirm	对当前页面进行离开二次确认配置	支持	支持	支持
	dd.disableLeaveConfirm	取消当前页面的离开二次确认配置	支持	支持	支持
下拉刷新	onPullDownRefresh	下拉刷新	支持	支持	支持
	dd.stopPullDownRefresh	停止当前页面的下拉刷新	支持	支持	支持
选择日期	dd.datePicker	选择日期	支持	支持	支持
创建动画	dd.createAnimation	创建动画	支持	支持	支持
创建画布	dd.createCanvasContext	创建画布	支持	支持	支持

续表

类　　目	API 名称	API 说明	企业内部应用	第三方企业应用	第三方个人应用
键盘	dd.onKeyboardShow	监听键盘弹起事件，并返回键盘高度	支持	支持	支持
	dd.onKeyboardHide	监听键盘收起事件。需要在 page 中设置该回调	支持	支持	支持
	dd.hideKeyboard	隐藏键盘	支持	支持	支持
滚动	dd.pageScrollTo	滚动到页面的目标位置	支持	支持	支持

8. 位置

API 名称	API 说明	企业内部应用	第三方企业应用	第三方个人应用
dd.getLocation	获取用户当前的地理位置信息	支持	支持	支持
dd.openLocation	使用内置地图查看位置	支持	支持	支持

9. 缓存

API 名称	API 说明	企业内部应用	第三方企业应用	第三方个人应用
dd.setStorage	将数据存储在本地缓存指定的 key 中，会覆盖原来该 key 对应的数据	支持	支持	支持
dd.setStorageSync	同步将数据存储在本地缓存指定的 key 中	支持	支持	支持
dd.getStorage	获取缓存数据	支持	支持	支持
dd.getStorageSync	同步获取缓存数据	支持	支持	支持
dd.removeStorage	删除缓存数据	支持	支持	支持
dd.removeStorageSync	同步删除缓存数据	支持	支持	支持

10. 地图

API 名称	API 说明	企业内部应用	第三方企业应用	第三方个人应用
dd.createMapContext	地图组件	支持	支持	支持

11. 设备

类　目	API 名称	API 说明	企业内部应用	第三方企业应用	第三方个人应用
系统信息	dd.getSystemInfo	获取系统信息	支持	支持	支持
	dd.getSystemInfoSync	获取系统信息，返回值同 getSystemInfo success 回调参数	支持	支持	支持
网络状态	dd.getNetworkType	获取网络状态	支持	支持	支持
剪切板	dd.getClipboard	获取剪切板数据	支持	支持	支持
	dd.setClipboard	设置剪切板数据	支持	支持	支持
震动	dd.vibrate	调用震动功能	支持	支持	支持
	dd.vibrateShort	调用短振动功能	支持	支持	支持
	dd.vibrateLong	调用长振动功能	支持	支持	支持
蓝牙	dd.openBluetoothAdapter	初始化蓝牙接口	支持	支持	支持
	dd.onBluetoothAdapterStateChange	蓝牙适配器状态事件监听	支持	支持	支持
	dd.onBluetoothDeviceFound	蓝牙发现事件监听	支持	支持	支持
	dd.onBLEConnectionStateChanged	蓝牙连接状态事件监听	支持	支持	支持
	dd.startBluetoothDevicesDiscovery	搜索设备	支持	支持	支持
	dd.connectBLEDevice	查找设备并连接	支持	支持	支持
	dd.stopBluetoothDevicesDiscovery	停止搜索设备	支持	支持	支持
	dd.getBLEDeviceServices	获取服务	支持	支持	支持
	dd.getBLEDeviceCharacteristics	获取特征	支持	支持	支持
	dd.onBLECharacteristicValueChange	监听特征值变化事件	支持	支持	支持
	dd.notifyBLECharacteristicValueChange	设置读特征通知模式	支持	支持	支持
	dd.writeBLECharacteristicValue	向设备的特征值写数据	支持	支持	支持
	dd.readBLECharacteristicValue	读取设备的特征值数据	支持	支持	支持
	dd.disconnectBLEDevice	断开连接	支持	支持	支持
	dd.closeBluetoothAdapter	关闭蓝牙适配器	支持	支持	支持

12. 开放接口

1）扫码

API 名称	API 说明	企业内部应用	第三方企业应用	第三方个人应用
dd.scan	调用扫一扫功能	支持	支持	支持

2）分享

API 名称	API 说明	企业内部应用	第三方企业应用	第三方个人应用
dd.onShareAppMessage	分享	支持	支持	支持

3）通讯录选人

API 名称	API 说明	企业内部应用	第三方企业应用	第三方个人应用
dd.complexChoose	选择人与部门。选择部门后把该部门转换成对应部门下的人	支持	支持	不支持
dd.chooseDepartments	选择部门信息。调用该接口会返回部门的信息，是以部门为纬度，而不是以人为纬度的	支持	支持	不支持
dd.creatGroupChat	创建群聊天	支持	支持	不支持
dd.choosePhonebook	选择手机通讯录	支持	支持	不支持
dd.chooseExternalUsers	选择外部联系人	支持	支持	不支持
dd.editExternalUser	编辑外部联系人	支持	支持	不支持
dd.chooseUserFromList	选取单个自定义联系人	支持	支持	不支持

4）Ding

API 名称	API 说明	企业内部应用	第三方企业应用	第三方个人应用
dd.Ding	发钉接口支持在唤起 Ding、任务、日程等创建页面时被调用	支持	支持	不支持

5）电话

API 名称	API 说明	企业内部应用	第三方企业应用	第三方个人应用
dd.callUsers	拨打钉钉电话	支持	支持	不支持
dd.showCallMenu	唤起拨打电话菜单	支持	支持	支持
dd.checkBizCall	检查某企业办公电话的开通状态	支持	支持	不支持

6）支付

API 名称	API 说明	企业内部应用	第三方企业应用	第三方个人应用
dd.Pay	支付	支持	支持	支持

7）钉盘

API 名称	API 说明	企业内部应用	第三方企业应用	第三方个人应用
dd.saveFileToDingTalk	转存文件到钉盘	支持	支持	不支持
dd.previewFileInDingTalk	钉盘文件预览	支持	支持	不支持
dd.uploadAttachment.ToDingTalk	上传附件到钉盘／从钉盘选择文件	支持	支持	不支持
dd.ChooseDingTalkDir	选择钉盘目录	支持	支持	不支持

8）会话

API 名称	API 说明	企业内部应用	第三方企业应用	第三方个人应用
dd.chooseChatForNormalMsg	获取会话信息	支持	支持	不支持
dd.chooseChat	选择会话	支持	支持	不支持
dd.openChatByChatId	根据 chatId 跳转到对应会话	支持	支持	不支持
dd.openChatByUserId	打开与某个用户的聊天页面（单聊会话）	支持	支持	不支持